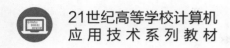

21世纪高等学校计算机
应用技术系列教材

Python程序设计

实验实训 微课视频版

◎ 王书芹　王霞　郭小荟　梁银　谢春丽　编著

U0197728

清华大学出版社

北京

内 容 简 介

本书是《Python 程序设计(思政版)》(清华大学出版社)的配套实验教材。全书分为 3 部分：第 1 部分为实验篇，结合主教材各章节的理论知识，精心设计了 20 个实验，每个实验给出实验目的、知识导图和实验内容，实验内容根据实验的难度分为"照猫画虎""牛刀初试""挑战自我"3 个层次；第 2 部分为实训篇，介绍 Python 在网络爬虫、数据处理、数据分析与可视化以及人工智能等方面的应用；第 3 部分为习题篇，紧密结合主教材各章节的知识点，提供丰富的习题，帮助读者巩固所学的理论知识，提高实践动手能力。

本书内容丰富，实用性强，与《Python 程序设计(思政版)》一起构成了一套完整的教学用书，既可作为普通高等院校 Python 程序设计课程的辅助教材，也可作为各类工程技术人员进行 Python 编程练习和上机训练的指导用书。

图书在版编目(CIP)数据

Python 程序设计实验实训：微课视频版/王书芹等编著.—北京：清华大学出版社，2022.8(2024.8重印)
21 世纪高等学校计算机应用技术系列教材
ISBN 978-7-302-61038-0

Ⅰ.①P⋯　Ⅱ.①王⋯　Ⅲ.①软件工具－程序设计－高等学校－教材　Ⅳ.①TP311.561

中国版本图书馆 CIP 数据核字(2022)第 096455 号

责任编辑：文　怡　李　晔
封面设计：刘　键
责任校对：胡伟民
责任印制：沈　露

出版发行：清华大学出版社
　　　　　网　　　址：https://www.tup.com.cn,https://www.wqxuetang.com
　　　　　地　　　址：北京清华大学学研大厦 A 座　　　邮　　　编：100084
　　　　　社 总 机：010-83470000　　　　　　　　邮　　　购：010-62786544
　　　　　投稿与读者服务：010-62776969，c-service@tup.tsinghua.edu.cn
　　　　　质量反馈：010-62772015，zhiliang@tup.tsinghua.edu.cn
　　　　　课件下载：https://www.tup.com.cn,010-83470236
印 装 者：三河市龙大印装有限公司
经　　销：全国新华书店
开　　本：185mm×260mm　　　印　　张：15.75　　　　　　字　　数：395 千字
版　　次：2022 年 9 月第 1 版　　　　　　　　　　印　　次：2024 年 8 月第 3 次印刷
印　　数：2301～3300
定　　价：49.00 元

产品编号：097172-01

前 言

Python 语言是一种跨平台、开源、面向对象、解释型、动态数据类型的高级计算机程序设计语言,在 Web 开发、科学计算、人工智能、大数据分析和系统运维等领域得到广泛应用,成为高校新工科各专业学生首选的编程语言。

"Python 程序设计"是一门对实践动手能力要求很高的课程,读者不仅要掌握程序设计的理论知识,还要通过大量的上机实践加强对理论知识的掌握,从融会贯通到实际应用,最终达到解决相关专业领域实际问题的目标。本书正是基于此目的编写的,通过大量的分类分层实验来培养学生的计算思维能力,使学生能够综合利用所学知识分析问题、解决问题,培养富有时代特点的有担当、有作为的新工科人才。

本书内容组织

本书内容以实验操作为主,帮助学生加深对课程内容的理解。全书包含 3 部分。

第 1 部分为实验篇,与主教材内容保持同步,提供了 20 个实验。除实验 1 以外,每个实验都提供了实验目的、知识导图和实验内容。实验目的描述了本次实验需要达成的目标。知识导图采用思维导图的形式对实验所涉及的知识点进行了汇总和介绍。遵循由浅入深、循序渐进的原则,实验内容按照难度分为"照猫画虎""牛刀初试""挑战自我"3 个层次。

"照猫画虎"阶段属于学习程序设计的初级阶段,主要方式是通过验证教材上的相关例题,达到学习并掌握程序设计语言或平台的语法知识、技术的应用能力。在完成该部分任务时,所花费的时间应该很短,一般不占实验课时,特别需要时,一般不超过半小时。

"牛刀初试"阶段属于学习程序设计的中级阶段,主要方式是结合给出的题目,按照小的项目方式来处理,首先进行分析,已经具备了什么条件、需求是什么,之所以要按照小的项目或课题来完成,是为了达到培养学生树立项目意识、提高实践能力的目标。

"挑战自我"——所谓挑战自我,是指这一部分给出的程序设计题目有一定的难度,需要认真思考、用心设计并进行编程实现。如果遇到问题,通过已有的知识不能解决,可以去后面的章节或者其他资料中寻找所需的知识。这样,编程水平才能不断提高。

第 2 部分为实训篇,该部分包含两个实训:Python 网络爬虫——中国大学 MOOC 网课程数据爬取及分析系统和 Python 智能应用——智慧课堂点名系统。

中国大学 MOOC 网课程数据爬取及分析系统是为了统计和分析各个大学的上线课程情况而设计的。本系统首先从中国大学 MOOC 网上爬取学校和课程的有关数据,并保存到 MySQL 数据库中,然后对已保存的数据进行分析及可视化。本系统主要包含数据爬取、数据查询和数据可视化分析 3 个功能模块,按照数据库设计、界面设计、网络爬虫、数据查询、数据可视化等步骤进行设计与实现。

智慧课堂点名系统模拟实现一款课堂点名软件,学生在上课前只需通过人脸识别即可快速完成签到,老师可以从统计页面上统计学生的出勤情况,可有效防止替点名等作弊行为。系统主要包括人脸注册、人脸点名以及签到情况查看三大功能,主要由前端 UI 交互界面、后端人脸识别 SDK 和数据库操作 3 部分组成,本实训按照系统功能、系统设计、关键技术、界面设计和实现详细介绍过程。

通过实训中详尽的步骤和知识介绍,对 Python 在爬虫、数据分析和处理、数据可视化以及人工智能领域有一个初步的认知,同时提高学生的知识综合应用能力。

第 3 部分为习题篇,与主教材前 8 章内容保持同步,提供了对应的配套习题,学生可以根据自己的实际情况,选择性地完成相关题目,达到巩固理论知识的目的。

本书特色

(1) 思政元素。本书深刻挖掘中华民族传统文化以及学生密切关注的现实社会问题中的思政元素,将之设计为实验内容,使学生在潜移默化中受到教育,帮助塑造学生的价值观和人生观。

(2) 具备高阶性、创新性、挑战度。实验内容中的"挑战自我"具备一定的难度,需要"跳一跳"才能够得着,培养学生解决复杂问题的综合能力和高级思维。实验内容中的多数题目都是从现实生活中提炼出来的,反映前沿性和时代性。

(3) 视频讲解。书中有一定难度的实验任务和实训都配有精彩详尽的视频讲解。引导学生快速理解和掌握知识,享受编程的快乐和成就感。

读者对象

(1) 零基础的编程爱好者。
(2) Python 培训机构的教师和学生。
(3) 高等院校的教师和学生。
(4) 大中专院校或者职业技术学校的教师和学生。

致谢

本书的编写是在江苏师范大学计算机科学与技术学院领导的支持下完成的,得到了智能科学与技术系全体教师的支持和帮助,在此对他们表示感谢! 书中的部分素材来源于网络,在此对所有素材作者表示感谢!

本书由江苏师范大学计算机科学与技术学院多名资深教师共同编写。在编写本书的过程中,编者本着科学严谨、认真负责的态度,力求精益求精,达到最好的效果。但由于时间和学识有限,书中不足之处在所难免,敬请诸位同行、专家和读者指正。

编　者

2022 年 6 月

源代码

参考答案

目 录

第 1 部分 实验篇

第 2 部分　实训篇

第 3 部分　习题篇

第 1 部分

实 验 篇

实验 1

Python环境的安装与运行

一、实验目的

(1) 了解 Python 的安装与运行。

(2) 熟悉并掌握 Python 集成开发环境 IDLE 的使用。

(3) 了解 Python 集成开发环境 PyCharm 的安装和使用。

(4) 掌握第三方库的获取与安装。

二、背景知识

　　Python 是一种高层次的结合了解释性、编译性、互动性和面向对象的脚本语言,是在 20 世纪 80 年代末到 90 年代初,由荷兰数学和计算机科学家 Guido van Rossum 设计出来的,以其"优雅、明确、简单"的设计哲学风靡于程序设计界。

　　编写的 Python 代码都要放在 Python 编译器上运行,编译器是代码和计算机硬件之间的软件逻辑层。Python 编辑器较小,一般为 25 ～ 30MB,下载网址为 https://www.python.org/downloads/。Python 是一种跨平台的程序语言,所以下载时可以根据所用操作系统的类型,选择器编译器版本(备注:Linux 发行版和 macOS 通常会默认自带 Python 2.x)。现有 Python 2.x 和 Python 3.x 并存,但是 Python 2.7 是 Python 2.x 的最后一个版本,官方已经明确表示,自 2020 年 1 月 1 日起,Python 的核心开发人员将不再对 Python 2.x 提供错误修复版或安全更新。Python 3.x 的最新版本为 2022 年 8 月 2 日发布的 Python 3.10.6,本书使用 64 位 Windows 操作系统平台下的 python-3.10.1-amd64.exe 作为测试环境。

　　IDLE(Integrated Development and Learning Environment)是 Python 的集成开发和学习环境,具有以下特点:

　　(1) 使用 100%纯 Python 编程,使用 tkinter GUI 工具包;

　　(2) 跨平台工作方式;

　　(3) 使用 Python Shell 窗口(交互式编译器)即时响应用户的输入且输出执行结果,对代码输入、输出和错误消息进行着色;

（4）具有多个撤销、Python 着色、智能缩进、调用提示、自动完成和其他功能的多窗口文本编辑器；

（5）可在任何窗口中搜索，在编辑器窗口中替换，并搜索多个文件；

（6）具有持久断点、步进、查看全局和本地命名空间的调试器；

（7）配置浏览器和其他对话框。

IDLE 有两种使用方式，即交互式和文件式，可以同时拥有多个编辑器窗口。在 Windows 和 Linux 操作系统中，每个编辑器都有自己的顶部菜单；而在 macOS 中，有一个应用程序菜单，它根据当前选择的窗口动态编号。

PyCharm 是一种 Python IDE(Integrated Development Environment，集成开发环境)，带有一整套可以帮助用户在使用 Python 语言开发时提高效率的工具，比如调试、语法高亮、项目管理、代码跳转、智能提示、自动完成、单元测试、版本控制。此外，该 IDE 提供了一些高级功能，以支持 Django 框架下的专业 Web 开发，同时支持 Google App Engine 和 IronPython。

三、实验内容

1. 照猫画虎

（1）下载并安装 Python 3.10.1 编译器，熟悉并掌握 IDLE 的两种使用方式。

（2）下载并安装 PyCharm 集成开发环境，熟悉并掌握 PyCharm 的使用方式。

2. 牛刀初试

（1）为交互式 IDLE 添加清屏菜单项；为文件式 IDLE 添加行号。

（2）熟悉并掌握 PyCharm 的主要菜单选项和快捷键的使用。

3. 挑战自我

（1）掌握文件式 IDLE 进行调试的方法。

（2）掌握 PyCharm 进行断点调试的方法。

（3）掌握第三方库的获取和安装方法。

四、实验步骤

1. 下载并安装 Python 编译器

（1）Python 的官方网站是 https://www.python.org/。依次选择 Downloads→Windows(读者可以根据所用操作系统类型选择)→Latest Python 3 Release-Python 3.10.1→Windows installer(64-bit)，下载对应的 Python 编辑器可以得到 python-3.10.1-amd64.exe。

（2）安装 Python 编译器时会启动安装向导过程。以 Windows 操作系统为例，双击下载得到的可执行文件，将显示安装向导对话框，如图 1.1 所示。

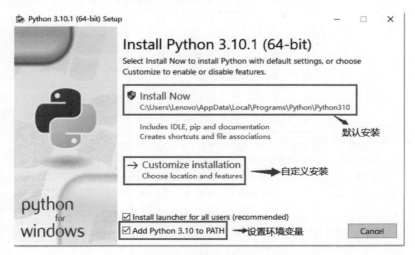

图 1.1　Python 编辑器安装向导对话框

其中，Install Now 为默认安装选项，在这种方式下所有设置都不能修改；Customize installation 为自定义安装，用户可以根据需要选择设置；Add Python 3.10 to PATH 为设置环境变量选项，一旦选中该复选框，安装程序会自动将 Python 的相关环境变量的设置添加到操作系统的注册表中，否则要在后续进行手动设置。

（3）后续安装过程与其他应用程序类似，安装成功时的对话框如图 1.2 所示。

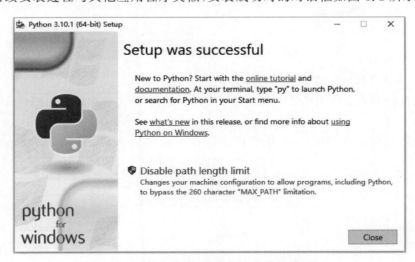

图 1.2　Python 编辑器安装成功对话框

2．IDLE 环境的使用

1）启动 IDLE

在 Windows 的"开始"菜单中选择"所有程序"→Python 3.10→IDLE(Python 3.10 64-

bit),可以启动 Python 编辑器内置的集成开发环境 IDLE,如图 1.3 所示。

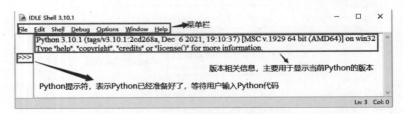

图 1.3   Python 编辑器内置的集成开发环境 IDLE

2) 交互式 IDLE 运行方式

在 Python 提示符后面逐行输入命令后,即可查看执行结果,如图 1.4 所示。

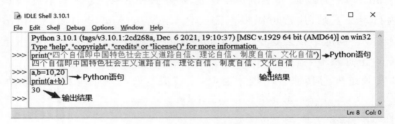

图 1.4   交互式 IDLE 运行方式

3) 文件式 IDLE 运行方式

文件式运行方式是在 IDLE 中建立程序文件(以. py 为文件扩展名),然后保存、调用并执行文件的方式。

(1) 新建文件。在 IDLE Shell 中依次选择 File→New File 命令,新建一个文件,如图 1.5 所示。

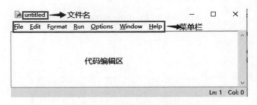

图 1.5   新建文件界面

(2) 输入源代码并保存。在代码编辑区输入 Python 源代码,然后依次选择 File→Save 命令(或者使用快捷键 Ctrl+S),选择保存路径并输入文件名"实验 1.1. py",对源代码进行保存,如图 1.6 所示。

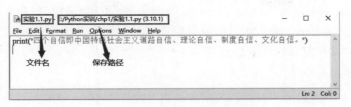

图1.6　"实验1.1.py"界面

（3）运行文件。依次选择 Run→Run Module 命令（或者使用快捷键 F5）即可运行文件，如图1.7所示。

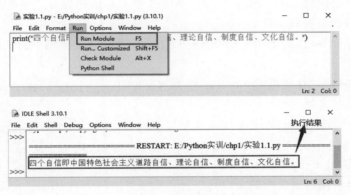

图1.7　"实验1.1.py"运行及运行结果

4）IDLE 的常用菜单项

（1）File 菜单（两种方式一样）如图1.8所示。

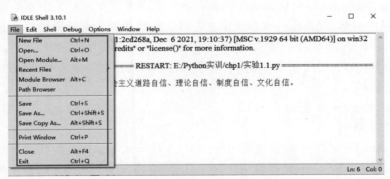

图1.8　File 菜单选项

其中，
- New File（快捷键 Ctrl+N）：创建一个新文件编辑窗口。
- Open（快捷键 Ctrl+O）：使用打开对话框打开现有文件。
- Open Module（快捷键 Alt+M）：使用打开对话框打开现有模块（搜索 sys.path）。
- Recent Files：打开最新文件的列表，单击某个文件名可以将其打开。
- Module Browser（快捷键 Alt+C）：以树状结构显示当前编辑器文件中的函数、类和方法。在 Shell 中，首先打开一个模块。

- Path Browser：以树形结构显示 sys.path 目录、模块、函数、类和方法。
- Save(快捷键 Ctrl＋S)：将当前窗口保存到相关路径。自打开或者上次保存后已经更改的窗口在窗口标题前后都有一个"＊"。如图 1.9 所示。如果没有关联文件，则改为另存为操作。

实验1.1.py - E:\Python实训\chp1\实验1.1.py (3.10.1)

File　Edit　Format　Run　Options　Window　Help

print("四个自信即中国特色社会主义道路自信、理论自信、制度自信、文化自信。")

图 1.9　未保存或者修改后文件名示例

- Save As(快捷键 Ctrl＋Shift＋S)：使用另存为对话框保存当前窗口。保存的文件称为窗口的新关联文件。
- Save Copy As(快捷键 Alt＋Shift＋S)：将当前窗口保存到不同文件而不更改关联的文件。
- Print Window(快捷键 Ctrl＋P)：将当前窗口打印到默认打印机。
- Close(快捷键 Alt＋F4)：关闭当前窗口(如果未保存，则要求保存)。
- Exit(快捷键 Ctrl＋Q)：关闭所有窗口并退出 IDLE(要求保存未保存的窗口)。

图 1.10　Format 菜单选项

（2）Format 菜单(仅限于文件式编辑器窗口)如图 1.10 所示。

其中，

- Format Paragraph(快捷键 Alt＋Q)：格式化段落。在注释块中重新格式化当前空行分隔的段落，或者多行字符串中选定行。段落中的所有行都被格式化为不少于 N 列，其中 N 默认为 72。
- Indent Region(快捷键 Ctrl＋])：缩进区域。将选定的行向右移动缩进宽度(默认为 4 个空格)。
- Dedent Region(快捷键 Ctrl＋[)：取消缩进。将选定的行向左移动缩进宽度(默认为 4 个空格)。
- Comment Out Region(快捷键 Alt＋3)：注释掉区域。在选定行的前面插入＃＃。
- Uncomment Region(快捷键 Alt＋4)：取消注释区域。从选定的行中删除前导＃或者＃＃。
- Tabify Region(快捷键 Alt＋5)：制表区域。将选中区域的空格替换为 Tab(注意：建议使用 4 个空格来缩进 Python 代码)。
- Untabify Region(快捷键 Alt＋6)：取消制表区域。将选中区域的 Tab 替换为空格。
- Toggle Tabs(快捷键 Alt＋T)：切换标签。在使用空格和制表符的缩进之间切换。
- NewIndent Width(快捷键 Alt＋U)：新建缩进宽度。
- Strip Trailing Whitespace：去除尾随空格。

（3）Options 菜单(两种方式一样，只是在 Shell 方式下中间两个菜单项不可用)如图 1.11 所示。

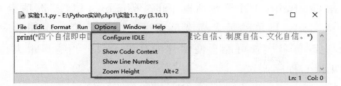

图 1.11 Options 菜单选项

其中,

- Configure IDLE:设置 IDLE。打开 Settings 对话框(如图 1.12 所示)并更改以下选项:字体、缩进、热键、文本颜色主题、启动窗口属性、其他帮助源和扩展等。

图 1.12 Settings 对话框

- Show Code Context:显示/隐藏代码上下文(仅限编辑器窗口),默认为隐藏代码上下文。在编辑窗口顶部打开一个窗格,该窗格显示滚动到窗口顶部上方的代码块的上下文,如图 1.13 所示(只对代码块有效)。

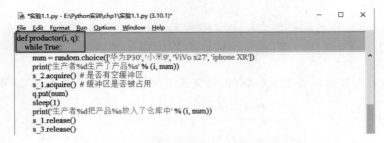

图 1.13 Show Code Context 对话框示例

- Show Line Numbers:显示/隐藏行号(仅限编辑器窗口),默认为隐藏行号。在编辑器窗口左侧打开一列,其中显示每行文本的编号,如图 1.14 所示。
- Zoom Height(快捷键 Alt+2):缩放/恢复高度,在正常大小和最大高度之间切换窗口。除非在 Configure IDLE 对话框中的"Windows 属性"选项卡进行更改,否则初始大小为 80×40。屏幕的最大高度是通过在屏幕上第一次缩放时暂时最大化窗口来确定的,更改屏幕设置可能会使保存的高度无效。当窗口最大化时,此切换无效。

5) 文件式 IDLE 的程序调试

如果源程序较长,那么一旦发生错误(特别是逻辑错误),仅仅依靠运行结果无法判断问题所在。当然,也可以借助异常、增加输出语句等多种方式尽可能地避免和查找错误。但是,最常用且行之有效的方式就是进行断点单步调试程序,从而可以非常清晰且快速地发现问题所在。

下面以利用海伦公式求解三角形面积为例介绍文件式 IDLE 的程序调试方法。

步骤 1,编辑源代码"求三角形面积.py"并保存,如图 1.15 所示。

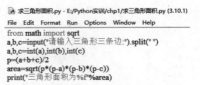

图 1.14　Show Line Numbers 对话框示例　　图 1.15　"求三角形面积"示例代码

步骤 2,打开 IDLE Shell,并依次选择 Debug→Debugger 命令,打开 Debug Control 对话框,如图 1.16 所示。

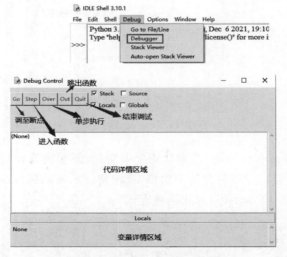

图 1.16　Debug Control 对话框

步骤 3,如有需要可以选中某行,右击设置断点(此步骤可选),如图 1.17 所示。

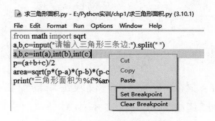

图 1.17　设置断点示例

步骤 4,运行"求三角形面积.py"文件,接下来就可以根据需要进行调试,如图 1.18 所示。(注意:. py 文件需要运行在已经打开了 Debuger 的 Shell 中,如果运行时又重新打开了一个 Shell,那么 Debuger 将不能捕获到运行信息。)

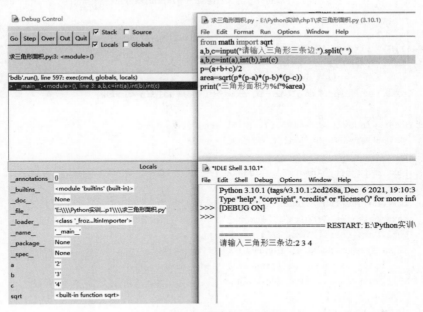

图 1.18　运行调试示例

表 1.1 列出了 Debug Control 对话框中常见字段的解释。

表 1.1　运行调试示例

字　段　名	含　义
Go	程序直接运行至断点处,若未设置断点则直接运行至结束
Step	逐语句调试,遇到函数会进入函数体内部,相当于 VS 调试时 F11 键的功能
Over	逐过程调试,遇到函数不会进入函数体内部,相当于 VS 调试时 F10 键的功能
Out	若 Debug 进入某函数调用,则退出该函数
Quit	直接结束此次调试
Stack	堆栈调用层次(在递归调用时非常有用)
Locals	局部变量查看
Source	跟进源代码
Globals	全部变量查看

6) 为交互式 IDLE 添加清屏菜单项

IDLE 默认没有清屏快捷键或者命令,这在使用时非常不方便。所以,想要使其可以实现清屏,就必须要扩展 IDLE。具体步骤为:

步骤 1,从网上下载(https://bugs. python. org/file14303/ClearWindow. py)或者自己编辑生成 ClearWindow. py 文件,其源代码为:

```
1   class ClearWindow:
2       menudefs = [
3           ('options', [None,
4                   ('Clear Shell Window', '<< clear - window >>'),
5           ]),]
6
7       def __init__(self, editwin):
8           self.editwin = editwin
9           self.text = self.editwin.text
10          self.text.bind("<< clear - window >>", self.clear_window)
11
12      def clear_window2(self, event): # Alternative method
13          # work around the ModifiedUndoDelegator
14          text = self.text
15          text.mark_set("iomark2", "iomark")
16          text.mark_set("iomark", 1.0)
17          text.delete(1.0, "iomark2 linestart")
18          text.mark_set("iomark", "iomark2")
19          text.mark_unset("iomark2")
20          if self.text.compare('insert', '<', 'iomark'):
21              self.text.mark_set('insert', 'end - 1c')
22          self.editwin.set_line_and_column()
23
24      def clear_window(self, event): # remove undo delegator
25          undo = self.editwin.undo
26          self.editwin.per.removefilter(undo)
27          # clear the window, but preserve current command
28          self.text.delete(1.0, "iomark linestart")
29          if self.text.compare('insert', '<', 'iomark'):
30              self.text.mark_set('insert', 'end - 1c')
31          self.editwin.set_line_and_column()
32          # restore undo delegator
33          self.editwin.per.insertfilter(undo)
```

步骤 2,将 ClearWindow.py 存放到 Python 安装路径下的 Lib\idlelib 文件夹中,并用记事本打开当前文件夹下的 config-extensions.def 文件,在该文件的末尾添加以下配置代码:

```
1   [ClearWindow]
2   enable = 1
3   enable_editor = 0
4   enable_shell = 1
5   [ClearWindow_cfgBindings]
6   clear - window = < Control - Key - l >
```

详情如图 1.19 所示。

备注:如不知道 Python 编译器的安装路径,执行如下命令即可获得当前 Python 编译器的安装路径。

```
>>> import sys
>>> print(sys.executable)
```

图 1.19　为 IDLE 配置清屏命令

步骤 3，保存 configextension.def 文件，重启 IDLE 后就会发现 IDLE 菜单栏的 Options 菜单项中增加了一个 Clear Shell Window 菜单项，如图 1.20 所示。

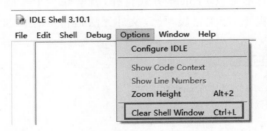

图 1.20　Clear Shell Window 菜单项

3. PyCharm 环境的使用

PyCharm 是 JetBrain 公司开发的一款 Python 专用 IDE 工具，是目前为止 Python 语言最好用的集成开发工具。PyCharm 的下载、安装以及简单使用在主教材（《Python 程序设计（思政版）》，ISBN：9787302576709）中已经做过介绍。下面介绍 PyCharm 常用设置和断点调试方法。

1）PyCharm 常用设置

（1）设置文件字体大小。

在 PyCharm 菜单栏选择 File→Settings 命令，即可打开 Settings 对话框，如图 1.21 所示。利用 Editor 选项下面的 Font 选项即可设置文件的字体大小。

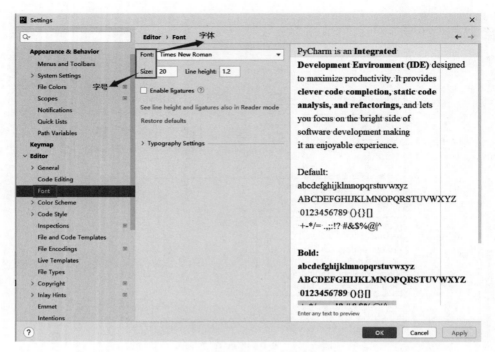

图 1.21　Settings 对话框

（2）设置 Python 解释器。

如果打开 .py 文件时不是以 Project 方式打开，就会缺少 PyCharm 的 Project 相关信息（一般存储在 .idea 文件夹下）产生错误，导致文件无法运行，如图 1.22 所示。

```
1  from math import sqrt
2  a,b,c=input("请输入三角形三条边:").split(" ")
3  a,b,c=int(a),int(b),int(c)
4  p=(a+b+c)/2
5  area=sqrt(p*(p-a)*(p-b)*(p-c))
6  print("三角形面积为%f"%area)
```

图 1.22　错误提示信息示例

此时就需要重新配置 Python 解释器，具体操作步骤为：

步骤 1，在 PyCharm 菜单栏选择 File→New Project Setup→Settings for New Projects 命令（当然，也可以直接选择 File→Settings 命令，但是推荐用这种方式，因为它是针对所有新项目进行的操作），即可打开 Settings 对话框。此对话框与图 1.21 略有不同。

步骤 2，单击 Settings 对话框左侧的 Python Interpreter 选项，选择 Python 解释器，如图 1.23 所示。

步骤 3，依次单击 Apply 按钮和 OK 按钮即设置完毕。

（3）文件编码。

在使用 Python 操作文件或者网络爬虫时，经过遇到编码错误的问题，此时就需要进行文件编码设置。具体方法如图 1.24 所示。

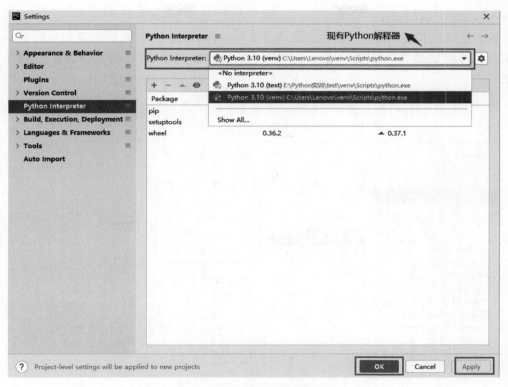

图 1.23 选择 Python 解释器

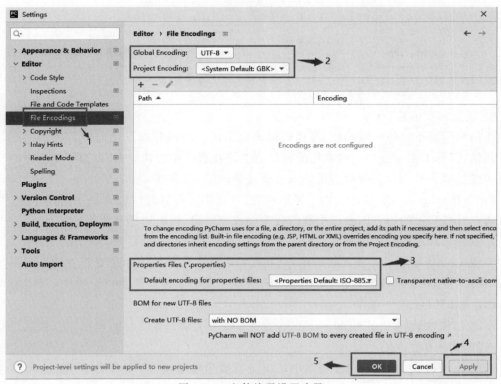

图 1.24 文件编码设置步骤

（4）文件和代码模板。

读者在阅读其他代码时可能会发现最前面有编码、编写者姓名、日期等相关信息，每次编辑源文件增加又太过麻烦。可以在 Settings 对话框中进行设置，具体方法如图 1.25 所示。

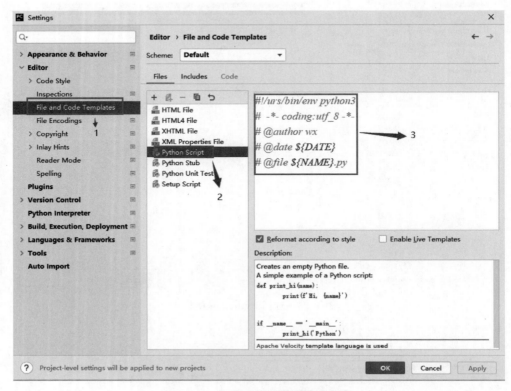

图 1.25   文件和代码模板设置步骤

2）断点调试方法

任何事情都不可能一蹴而就，写代码也难免出错。测试并修正代码中各种错误的过程称作调试，又称为 Debug。一种常用的调试方法是在程序中增加输出，以便了解程序的运行路径和变量值。另一种更便捷直观的方法就是使用断点调试。

断点（Breakpoint）是指在代码中指定位置，当程序运行到此位置时便中断停下来，并让开发者查看各变量的值。因断点中断的程序并没有结束，可以选择继续执行。

断点调试方法的具体步骤为：

步骤 1，设置断点。方法比较简单，只要在编辑好的代码中找到想要设置断点的那一行代码，单击行号后面的位置即可，如图 1.26 所示。（备注：删除断点方法类似，只需要再次单击断点标记即可。）

步骤 2，依次选择 Run→Debug 命令（或者单击左上角的 🐞 图标），即可以直接运行程序到断点处，如图 1.27 所示。

步骤 3，可以在 Debugger 子窗口中依次查看变量值的遍历，或者使用"继续运行"图标观察程序的执行。其中，

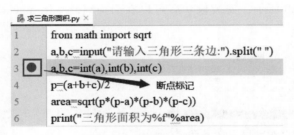

图 1.26　断点设置示例

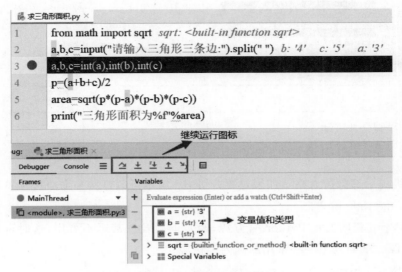

图 1.27　断点运行示例

- <img>Step Over(快捷键 F8)：单步执行，不进入子函数。

- <img>Step Into(快捷键 F7)：单步执行，进入子函数。

- <img>Step Into My Code(快捷键 Alt＋Shift＋F7)：调试过程中进入函数内容时，可以通过 Step Into My Code 让调试回到自己的代码并继续向下执行。

- <img>Step Out(快捷键 Shift＋F8)：运行断点后面所有代码；当单步执行到子函数内时，用 Step out 就可以执行完子函数余下部分，并返回到上一层函数。

- <img>Run to Cursor(快捷键 Alt＋F9)：一直执行，直到光标处停止；用在循环内部时，单击一次执行一个循环。

4. 第三方库的获取和安装

"如果我比别人看得远些，那是因为我站在巨人们的肩上。"编程就是要站在巨人的肩膀上。对 Python 而言，有众多的第三方库供我们来使用。下面介绍 3 种常用的获取和安装方法。

1) 使用 pip 获取和安装

打开命令提示符 cmd 窗口，在命令提示符后面输入"pip install 库名"(比如 pandas)进行安装即可,如图 1.28 所示。安装成功后可以在当前\Lib\site-packages 文件夹中找到新安装的包文件。

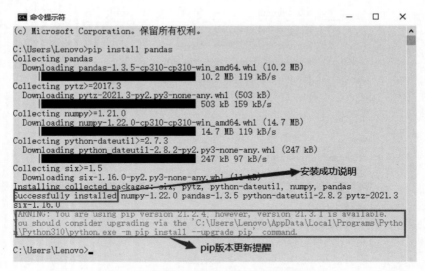

图 1.28　使用 pip 获取和安装第三方库示例

版本升级提示部分可忽略。如果想要升级 pip 版本可以直接在命令提示符后输入"pip-m pip install-upgrade pip"。

由于默认 pip 获取的是 Python 官方源,经常下载较慢甚至不可用,这时可以使用国内 Python 镜像源。下面列出一些常用的国内镜像源。

- 清华大学:https://pypi.tuna.tsinghua.edu.cn/simple
- 阿里云:http://mirrors.aliyun.com/pypi/simple/
- 中国科技大学:https://pypi.mirrors.ustc.edu.cn/simple/
- 华中理工大学:http://pypi.hustunique.com/
- 山东理工大学:http://pypi.sdutlinux.org/
- 豆瓣:http://pypi.douban.com/simple/

使用时只需要在命令提示符后面输入"pip install pip install-i https://pypi.tuna.tsinghua.edu.cn/simple pyspider"(如使用清华大学镜像源)就可以成功安装第三方库 pyspider。

2) 使用 PyCharm 获取和安装

在 PyCharm 运行界面中,打开 Settings 对话框,选择 Python Interpreter 选项。右侧区域即显示已经安装的第三方库或者包,如图 1.29 所示。

单击新增按钮打开 Available Packages 对话框,如图 1.30 所示。

为避免安装速度过慢可以先管理镜像源,单击 Manage Repositories 按钮将默认镜像源修改为国内源,然后再单击 Install Package 按钮即可获取和安装第三方库。

3) 先把要安装的第三方库文件下载到本地再进行安装

可以在 The Python Package Index (PyPI)软件库(官网主页:https://pypi.org/)中查

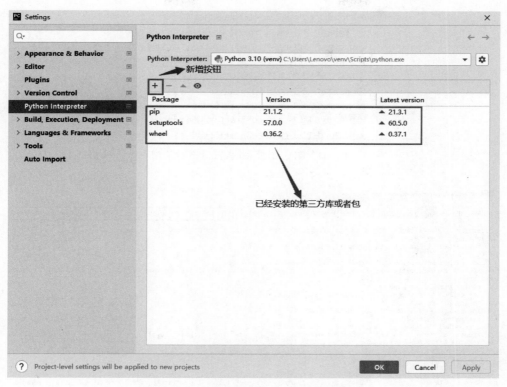

图 1.29　已经安装的第三方库或者包示例

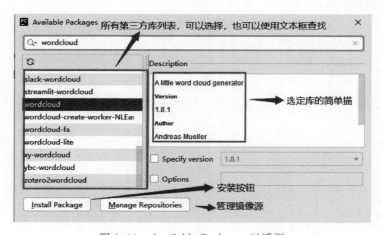

图 1.30　Available Packages 对话框

询、下载和发布 Python 包或库,也可以使用国内镜像网址(比如 https://www.lfd.uci.edu/~gohlke/pythonlibs/#genshi)下载所需要的第三方库的安装包。比如需要第三方库 wordcloud,可以根据操作系统和 Python 编译器对应版本,如图 1.31 所示。

将下载后的"wordcloud-1.8.1-cp310-cp310-win_amd64.whl"移动到 Python 的 Scripts 文件夹中,接着在 cmd 命令提示符后输入"pip install wordcloud-1.8.1-cp310-cp310-win_amd64.whl",即可成功安装第三方库 wordcloud,如图 1.32 所示。

Wordcloud: a little word cloud generator.

wordcloud-1.8.1-pp38-pypy38_pp73-win_amd64.whl

wordcloud-1.8.1-pp37-pypy37_pp73-win_amd64.whl

wordcloud-1.8.1-cp310-cp310-win_amd64.whl

wordcloud-1.8.1-cp310-cp310-win32.whl

wordcloud-1.8.1-cp39-cp39-win_amd64.whl

wordcloud-1.8.1-cp39-cp39-win32.whl

wordcloud-1.8.1-cp38-cp38-win_amd64.whl

wordcloud-1.8.1-cp38-cp38-win32.whl

图 1.31　第三方库 wordcloud 下载示例

```
C:\Windows\System32\cmd.exe                                              —   □   ×

C:\Users\Lenovo\AppData\Local\Programs\Python\Python310\Scripts:pip install wordcloud-1.8.1-cp310-cp310-win_amd64.whl
Processing c:\users\lenovo\appdata\local\programs\python\python310\scripts\wordcloud-1.8.1-cp310-cp310-win_amd64.whl
Collecting pillow
  Using cached Pillow-9.0.0-cp310-cp310-win_amd64.whl (3.2 MB)
Collecting matplotlib
  Using cached matplotlib-3.5.1-cp310-cp310-win_amd64.whl (7.2 MB)
Requirement already satisfied: numpy>=1.6.1 in c:\users\lenovo\appdata\local\programs\python\python310\lib\site-packa
ges (from wordcloud==1.8.1) (1.22.0)
Collecting packaging>=20.0
  Using cached packaging-21.3-py3-none-any.whl (40 kB)
Collecting pyparsing>=2.2.1
  Using cached pyparsing-3.0.6-py3-none-any.whl (97 kB)
Collecting cycler>=0.10
  Using cached cycler-0.11.0-py3-none-any.whl (6.4 kB)
Requirement already satisfied: python-dateutil>=2.7 in c:\users\lenovo\appdata\local\programs\python\python310\lib\si
te-packages (from matplotlib->wordcloud==1.8.1) (2.8.2)
Collecting fonttools>=4.22.0
  Using cached fonttools-4.28.5-py3-none-any.whl (890 kB)
Collecting kiwisolver>=1.0.1
  Using cached kiwisolver-1.3.2-cp310-cp310-win_amd64.whl (52 kB)
Requirement already satisfied: six>=1.5 in c:\users\lenovo\appdata\local\programs\python\python310\lib\site-packages
(from python-dateutil>=2.7->matplotlib->wordcloud==1.8.1) (1.16.0)
Installing collected packages: pyparsing, pillow, packaging, kiwisolver, fonttools, cycler, matplotlib, wordcloud
Successfully installed cycler-0.11.0 fonttools-4.28.5 kiwisolver-1.3.2 matplotlib-3.5.1 packaging-21.3 pillow-9.0.0 p
yparsing-3.0.6 wordcloud-1.8.1
```

图 1.32　第三方库 wordcloud 安装成功示例

实验 **2**
数据类型、运算符和表达式

一、实验目的

(1) 了解 Python 关键字、标识符和变量的含义，了解 Python 的编程习惯。

(2) 掌握 Python 常见运算符和表达式的规则和用法。

(3) 掌握数据类型(整数、浮点数、复数和布尔类型)的含义和用法。

(4) 学会使用运算符、表达式求解简单的数学问题。

二、知识导图

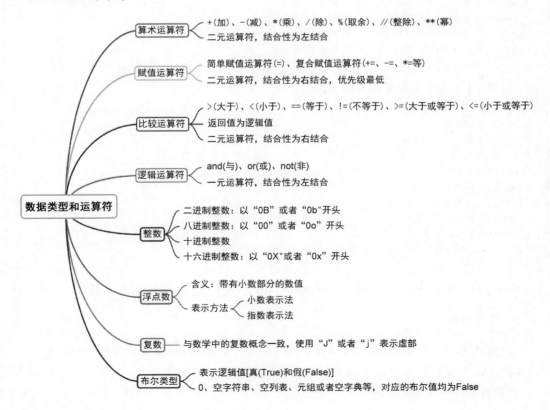

三、实验内容

1. 照猫画虎

在 IDLE Shell 的命令提示符后面依次输入下面语句,将语句功能、输出结果或者 Python 表达式填写在横线处。

(1) 变量、赋值语句的使用。

```
>>> a = b = 1234              # 功能为：_____
>>> i = 1                     # 功能为：_____
>>> i += 1                    # 功能为：_____
>>> x, y = 10, 20             # 功能为：_____
>>> x, y = y, x               # 功能为：_____
>>> print(a, b, i, x, y)      # 输出结果为：_____
```

(2) 各种数字类型的使用。

```
>>> a = 100
>>> _____       # 输出 a 的二进制、八进制和十六进制数
>>> print(int(99.9))          # 输出结果为：_____
>>> print(int('18'))          # 输出结果为：_____
>>> print(int(-9.82))         # 输出结果为：_____
>>> print(float(-10))         # 输出结果为：_____
>>> print(float(2022))        # 输出结果为：_____
```

(3) 常用表达式和内置函数的使用。

```
>>> x, y = 10, 20
>>> 10 + 5 ** -1 * abs(x - y)         # 输出结果为：_____
>>> 8 ** (1/3)/(x + y)                # 输出结果为：_____
>>> divmod(x, y)                      # 输出结果为：_____
>>> int(pow(x, x/y))                  # 输出结果为：_____
>>> round(pow(x, x/y), 4)             # 输出结果为：_____
>>> sum(range(0, 10, 2))              # 输出结果为：_____
>>> 100/y % x                         # 输出结果为：_____
>>> x > y and x % 2 == 0 and y % 2 == 1   # 输出结果为：_____
```

说明:abs()、divmod()、pow()、round()、sum()等均为 Python 内置函数。

2. 牛刀初试

(1) 编写程序,输入球体的半径,计算球体的表面积和体积(结果保留两位小数)。

【输入输出样例】(其中斜体加下画线表示输入数据)

请输入球体的半径:*3.85*

球体的表面积为：186.27

球体的体积为：239.04

【提示】

① 球体的表面积的计算公式为 $4\pi r^2$，球体的体积的计算公式为 $\frac{4}{3}\pi r^3$。

② 可以在标准化输出语句 print 中使用"%.2f"保留两位小数。

(2) 在 2007 年第七届全国大学生运动会开幕式上教育部长周济代表教育部向全国的广大青少年学生提出："每天锻炼一小时，健康工作 50 年，幸福生活一辈子"的口号。编写程序，输入体重(kg)、跑步时间(min)、跑步速度(km/h)，计算跑步距离和消耗的卡路里。

【输入输出样例】(其中斜体加下画线表示输入数据)

每天锻炼一小时，健康工作 50 年，幸福生活一辈子。

请输入您的体重(kg)：*55.6*

请输入您的跑步速度(km/h)：*8.55*

请输入您的跑步时间(min)：*59*

恭喜您！您的跑步距离为 8.41km，消耗 584.32 卡路里。

【提示】消耗卡路里的计算公式为：消耗卡路里＝体重(kg)×运动时间(h)×运动系数 k。运动系数 $k=\dfrac{30}{速度(min/400m)}$。比如，跑步速度为 6km/h，换算成以 m 和 h 为单位计算速度，计算方法为 $400\div(6000\div60)=\dfrac{400\times60}{6000}=4min/400m$，故运动系数 $k=\dfrac{30}{4}=7.5$。

(3) 编写程序，输入姓名和出生年份，输出年龄。

【输入输出样例】(其中斜体加下画线表示输入数据)

请输入伟人的姓名：*毛泽东*

请输入伟人的出生年份：*1893*

您好，今年是伟人毛泽东同志诞辰 129 年。

【提示】可以使用 Python 的时间模块 datetime 返回当前的年份，表达式为 datetime.date.today().year。

(4)《三国演义》中对刘备的外貌是这样描述的："生得身长七尺五寸，两耳垂肩，双手过膝，目能自顾其耳，面如冠玉，唇若涂脂……"如果按照现在的一米等于三尺计算，刘备身高为 250cm，这个结果肯定不现实。根据 1992 年出版的《中国历代度量衡考》一书，西汉的一尺约合 23.1cm，东汉略长一些，为 23～24cm，三国尺相对有些混乱。现以一尺为 23.5cm 作为标准，请分别计算《三国演义》中刘备(身长七尺五寸)、关羽(身长九尺)、张飞(身长八尺)的实际身高。

【输入输出样例】(其中斜体加下画线表示输入数据)

请输入刘备的身长(尺)：*7.5*

请输入关羽的身长(尺)：*9*

请输入张飞的身长(尺)：*8*

刘备的实际身高为 176.25cm

关羽的实际身高为 211.5cm

张飞的实际身高为 188.0cm

3. 挑战自我

视频 2-1

(1)《增广贤文》中写道："一寸光阴一寸金,寸金难买寸光阴。"意思是一寸光阴和一寸长的黄金一样昂贵,而一寸长的黄金却难以买到一寸光阴。比喻时间十分宝贵。那您知道您已经度过多少光阴了吗？可以根据年龄使用 Python 语言算一算！

【输入输出样例】(其中斜体加下画线表示输入数据)

请输入您的年龄：*20*

您已经度过 7300 天。

您已经度过 175200 小时。

您已经度过 10512000 分钟。

您已经度过 630720000 秒。

(2)温度单位用来统一温度换算的工具,以便制成不同的温度计,适用各行各业的需要。目前而言,国际上通用的有 5 种计量单位(列氏温标废弃不用),分别为华氏温标、摄氏温标、开氏温标、兰金温标和牛顿温标。各种温标的对应关系如表 2.1 所示。

视频 2-2

表 2.1　各种温标对应关系

温标名称	绝对零度	标准大气压下水的冰点	摄氏度→其他温标的转换公式
华氏温标	-459.67℉	32.00℉	$[℉]=[℃]\times\dfrac{9}{5}+32$
摄氏温标	-273.15℃	0℃	
开氏温标	0.00K	273.15K	$[K]=[℃]+273.15$
兰金温标	0.00R	491.67R	$[R]=\dfrac{([℃]+273.15)\times9}{5}$
牛顿温标	0°N	33°N	$[°N]=\dfrac{[℃]\times33}{100}$

请编写程序,输入摄氏温标分别转换为其他 4 种温标(结果保留两位小数)。

【输入输出样例】(其中斜体加下画线表示输入数据)

请输入要转换的摄氏温标：*36*

摄氏温标 36.00 对应的华氏温标为 96.80。

摄氏温标 36.00 对应的开氏温标为 309.15。

摄氏温标 36.00 对应的兰金温标为 556.47。

摄氏温标 36.00 对应的牛顿温标为 11.88。

(3)根据输入的三边长计算三角形的周长和面积(假设三边长一定可以构成三角形,结果保留两位小数)。三角形面积计算公式为海伦公式：

【输入输出样例】(其中斜体加下画线表示输入数据)

视频 2-3

请输入三角形三边长：*2,3,4*

三角形的周长为 9.00,面积为 2.90

【提示】海伦公式又译作希伦公式、海龙公式、希罗公式、海伦-秦九韶公式。它是利用三角形的三条边的边长直接求三角形面积的公式。表达式为 $\sqrt{p(p-a)(p-b)(p-c)}$ $\left(\text{其中 } p=\dfrac{a+b+c}{2}\right)$,其特点是形式漂亮,便于记忆。

实验 3 字符串和标准输入输出

一、实验目的

（1）了解 Python 字符串的定义方式。

（2）熟悉并掌握字符串的各种运算、转义字符的常用方法和常用的字符串函数。

（3）掌握标注输入和输出函数的使用方法，特别是 print() 函数的格式输出。

二、知识导图

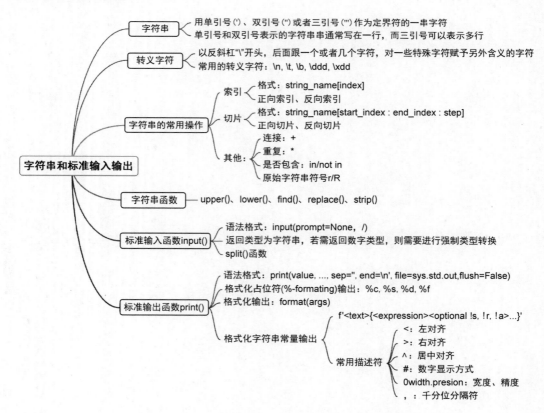

三、实验内容

1. 照猫画虎

在 IDLE Shell 的命令提示符后面依次输入下面语句,将语句功能、输出结果或者 Python 语句填写在横线处。

(1) 字符串的索引和切片。

```
>>> string = "the Communist Party of China"
>>> print(string[0])              # 功能为:_____
>>> print(string[-1])             # 功能为:_____
>>> print(string[4:13])           # 输出结果为:_____
>>> print(string[-5::])           # 输出结果为:_____
>>> print(string[:])              # 功能为:_____
>>> print(string[0::2])           # 输出结果为:_____
>>> new = string[::-1]            # 功能为:_____
>>> print(new)                    # 输出结果为:_____
```

(2) 字符串的连接、时间和日历库的使用。

```
>>> from datetime import datetime          # 功能为:_____
>>> import sxtwl                           # 日历库
>>> info1 = "今天是"
>>> info2 = "星期"
>>> week = datetime.now().isoweekday()     # 功能为:_____
>>> year = datetime.now().year             # 功能为:_____
>>> month = datetime.now().month           # 功能为:_____
>>> day = datetime.now().day               # 功能为:_____
>>> s1 = "公历:%d年%d月%d日" % (year,month,day)
>>> lunar = sxtwl.fromSolar(year,month,day)   # 功能为:_____
>>> s = "农历:%d年%s%d月%d日" % (lunar.getLunarYear(), '闰' if lunar.isLunarLeap()
else"", lunar.getLunarMonth(),lunar.getLunarDay())   # 功能为从春节开始计算农历
>>> print(info1 + "\n" + s1 + "\n" + s + "\n" + info2 + str(week))
            # 输出结果为:_____
                         _____
                         _____
                         _____
```

(3) 标准输入函数 input()的使用。

```
>>> _____                  # 从 math 即数学库中导入用于开根运算的方法 sqrt
>>> x1,y1 = input("请输入第 1 个点的坐标(用空格分隔):").split()
>>> type(x1)                      # 输出结果为:_____
>>> x1,y1 = float(x1),float(y1)   # 功能为:_____
>>> type(x1)                      # 输出结果为:_____
```

```
>>> _____          # 输入第 2 个点(x2,y2)的坐标,并用","分隔
>>> _____          # 将 x2,y2 强制转换为 float 类型
>>> dis = sqrt((x1 - x2) ** 2 + (y1 - y2) ** 2)    # 功能为: _____
>>> _____          # 输出两点间距离(结果保留两位小数)
```

(4) 标准输出函数 print() 的使用。

```
>>> from datetime import datetime
>>> year = datetime.now().year
>>> name = "中国共产党"
>>> print(f"今年是{name}成立{year - 1921}周年")    # 输出结果为: _____
>>> a,b = 123456789,'*'                           # 功能为: _____
>>> print("{0:{2}>{1},}\n{0:{2}^{1},}\n{0:{2}<{1}}".format(a,20,b))
        # 输出结果为: _____
                     _____
                     _____
```

2. 牛刀初试

(1) 王国维先生在《人间词话》中写道:古今之成大事业、大学问者,必经过三种境界。其实学习之道也是如此,需要经过迷茫、努力和水到渠成的过程。编写一个程序,输出学习之道的三重境界。

【输出样例】

　　　　　　学习之道的三种境界

望尽天涯,博览群书,学透概念,夯实根基。---此乃第一境界也!

题海遨游,为伊憔悴。---此乃第二境界也!

蓦然回首,融会贯通,推陈出新。---此乃第三境界也!

(2) 回文是一种非常有趣的修辞手法,是指把相同的词汇或句子,在下文中调换位置或颠倒过来,产生首尾回环的情趣,从头读也可,倒读也可。比如宋代词人苏轼的《菩萨蛮·夏闺怨》就是用这种修辞手法写成的。请编写程序,输入上句诗文,输出完整的一句回文诗。

【输入输出样例】(其中斜体加下画线表示输入数据)

请输入上句:<u>*柳庭风静人眠昼*</u>

完整诗句为:

柳庭风静人眠昼,昼眠人静风庭柳。

(3) 从前有一个年轻的小伙暗恋邻家的姑娘,但是苦于害羞腼腆不敢直抒胸臆。于是小伙子打算写一首英文情诗给她。为了使这首情诗精美感人,小伙子经过三天三夜的精心创作,写了一首藏头的八句情诗。请问你能看出他想要表达的真正内容吗?

【输入输出样例】(其中斜体加下画线表示输入数据)

请输入 8 句藏头诗:

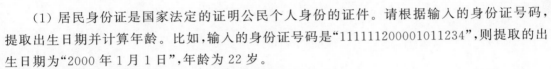

I am a handsome man

lonely and long for you attention

of all the girls I met you gave me the deepest impression

Very lucky to know you

earn money to make you happy

you are the world

oh，be ma side

u are the happiest person in the world！

小伙子想表达的真正内容是：IloVeyou

3. 挑战自我

视频 3-1

（1）居民身份证是国家法定的证明公民个人身份的证件。请根据输入的身份证号码，提取出生日期并计算年龄。比如，输入的身份证号码是"111111200001011234"，则提取的出生日期为"2000 年 1 月 1 日"，年龄为 22 岁。

【输入输出样例】（其中斜体加下画线表示输入数据）

请输入您的 18 位身份证号码：*111111200001011234*

您的出生日期是 2000/01/01。

您的年龄是 22 岁。

【提示】根据 GB 11643—1999 中有关公民身份号码的规定，公民身份号码是特征组合码，由 17 位数字本体码和 1 位数字校验码组成。排列顺序从左至右依次为：6 位数字地址码，8 位数字出生日期码，3 位数字顺序码和 1 位数字校验码。具体为：

① 第 1～2 位数字表示所在省份的代码；

② 第 3～4 位数字表示所在城市的代码；

③ 第 5～6 位数字表示所在区县的代码；

④ 第 7～14 位数字表示出生年月日；

⑤ 第 15～16 位数字表示所在地的派出所的代码；

⑥ 第 17 位数字表示性别：奇数表示男性，偶数表示女性；

⑦ 第 18 位数字是校检码：校检码可以是 0～9 的数字，有时也用 X 表示。

视频 3-2

（2）现实生活中有很多经常使用的号码（如银行卡号、身份证号码等）都很长，核对起来很不方便，通常做法是将号码分段显示。比如吕布的银行卡卡号为"6228480808755324278"，可以将其分段显示为"6228 4808 0875 5324 278"。请编写程序，从键盘输入 19 位银行卡卡号，从左往右每 4 位之间加一个空格（最后一组为 3 位），输出分段显示的银行卡，并将中间的 12 位卡号用 6 个"＊"代替后加密输出。

【输入输出样例】（其中斜体加下画线表示输入数据）

请输入 19 位银行卡卡号：*6228480808755324278*

分段后的银行卡卡号为：6228 4808 0875 5324 278

加密后的银行卡卡号为：6228 ＊＊＊＊＊＊ 278

（3）在这个每天都会诞生大量数据的时代，数据压缩扮演着重要的角色，如数据传输，传输压缩过的数据肯定会比传输原始数据快。字符串可以根据一定的算法进行压缩。通常规定，字符串压缩的规则是取单词的首尾字母与中间省略的字母个数组合在一起作为压缩后的结果。例如，单词"Python"压缩后为"P4n"。请编程实现此字符串压缩算法。

视频 3-3

【输入输出样例】(其中斜体加下画线表示输入数据)

请输入要压缩的字符串：*等闲识得东风面*

压缩后：等 5 面

实验 4 选择结构设计

一、实验目的

(1) 了解 Python 实现选择结构的基本语句。
(2) 熟悉并掌握单分支 if、双分支 if-else 和多分支 if-else-elif 三种分支结构。
(3) 熟悉并掌握分支结构的嵌套形式和用法。
(4) 会用选择结构解决相关问题。

二、知识导图

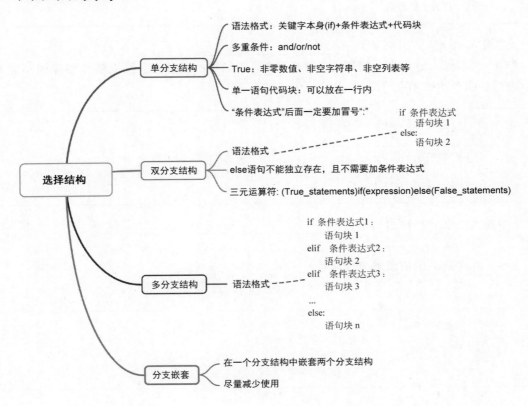

三、实验内容

（一）照猫画虎

请按照程序功能,将语句功能、输出结果或者 Python 语句填写在横线处。

（1）随机生成两个 1～100 的整数 a 和 b,按先小后大输出这两个数。

```
from random import randint        ♯从标准库 random 中导入 randint()函数
a = randint(1,100)                ♯ 随机生成[1,100]内的任一整数
b = randint(1,100)
if_____:                       ♯功能为逆序交换
    _____
print("从小到大为 % d, % d" % (a,b))
```

当 a＝72,b＝6 时,输出结果为:_____。

（2）从键盘输入一个整数,判断是偶数还是奇数,并输出结果。

```
num = int(input("请输入一个整数:"))
if_____           ♯功能为:判断 num 是否为偶数
    print(" % d是偶数" % (num))
else:
    print(" % d是奇数" % (num))
```

当输入 10 时,输出结果为:_____。

（3）判断输入的年份是闰年还是平年。（判断闰年的条件是：可以被 4 整除但不能被 100 整数,或者能被 400 整除。）

```
year = ____(input("请输入要查询的年份:"))
if_____ :
    print(year,"是闰年")
else:
    print(year,"是平年")
```

当输入 2022 时,输出结果为:_____。

（4）请根据 x 的值求解分段函数 $y=\begin{cases} x^2, & x<2 \\ 6, & x=2 \\ 10-x, & x>2 \text{ 且 } x\leqslant 6 \end{cases}$ 。

```
x = eval(input("x:"))
y = 0                    ♯需要先声明变量 y
if____ :
    y = x ** 2
```

```
elif____:
    y = 6
elif____:
    y = 10 - x
print("When x is % d, y is % d." % (x,y))
```

当输入 50 时,输出结果为:_____。

2. 牛刀初试

(1) 新冠疫情期间,医院实行分诊制度,进入医院首先要测量体温,体温 37.3℃ 以下的患者正常就诊,体温 37.3℃ 以上的患者要去发热门诊就诊。请根据输入体温,判断患者应该到什么门诊就诊。

【输入输出样例 1】(其中斜体加下画线表示输入数据)

请输入您的体温(℃): *38.3*

请您到发热门诊就诊,谢谢配合!

【输入输出样例 2】(其中斜体加下画线表示输入数据)

请输入您的体温(℃): *37.1*

正常就诊,祝您早日康复!

(2) 古人云:"三十而立,四十不惑,五十知天命,六十花甲,七十古稀……"请编写程序,根据输入数字输出对应的年龄阶段。

【输入输出样例 1】(其中斜体加下画线表示输入数据)

请输入年龄(30~79): *80*

您的输入有误!

【输入输出样例 2】(其中斜体加下画线表示输入数据)

请输入年龄(30~79): *35*

三十而立

(3) 验证码是一种区分用户是计算机还是人的公共全自动程序。可以防止恶意破解密码、刷票、论坛灌水,有效防止黑客对某个特定注册用户用特定程序暴力破解方式进行登录尝试等。请编写程序随机生成 4 位整数构成的验证码并提醒用户输入,如果输入正确,则输出"验证码正确,可以登录!",否则输出"输入错误!"。

【输入输出样例 1】(其中斜体加下画线表示输入数据)

验证码为 5869

请输入验证码: *5869*

验证码正确,可以登录!

3. 挑战自我

视频 4-1

(1) 现在很多路段都启用了区间测速。假定某高速区间长度 21.1km,大型汽车限速值为 100km/h,小型汽车限速值为 120km/h。请根据车辆类型和区间耗时(分钟)判断是否超速。

【输入输出样例1】(其中斜体加下画线表示输入数据)

此路段为区间测速,请您注意安全!

请输入您的区间耗时(分钟):<u>*10*</u>

请输入您的汽车类型(大型车——1,小型车——2):<u>*1*</u>

您的车速为 126.6 km/h

您已超速,请安全驾驶!

【输入输出样例2】(其中斜体加下画线表示输入数据)

此路段为区间测速,请您注意安全!

请输入您的区间耗时(分钟):<u>*15*</u>

请输入您的汽车类型(大型车——1,小型车——2):<u>*2*</u>

正常行驶,祝您一路顺风!

【输入输出样例3】(其中斜体加下画线表示输入数据)

此路段为区间测速,请您注意安全!

请输入您的区间耗时(分钟):<u>*10*</u>

请输入您的汽车类型(大型车——1,小型车——2):<u>*3*</u>

汽车类型输入有误!

【提示】所谓区间测速,是指检测机动车通过两个相邻测速监控点之间的路段(测速区间)的平均速率的方法。比如,某高速路段测速区间距离为 10km,该路段限速每小时 120km,车辆如果用大于或等于 5min 的时间跑完,那么其平均时速就低于 120km,符合限速要求;如果在通过该区间耗时不足 5min,那么就超速了。

视频 4-2

(2) 学期末,李老师要根据学生的总成绩给出相应的登记:成绩在 90 分以上(包含 90 分)等级为"优秀",成绩为 75~90 分(包含 75 分)等级为"良好",成绩为 60~75 分(包含 60 分)等级为"及格",成绩在 60 分以下等级为"不及格"。其中"Python 程序设计"课程的总成绩计算方法为:总成绩=平时成绩×10%+实验成绩×30%+期末成绩×60%(备注:平时成绩、实验成绩和期末成绩满分均为 100 分)。请输入某位学生的平时成绩、实验成绩和期末成绩,计算该生的总成绩并输出成绩等级。

【输入输出样例1】(其中斜体加下画线表示输入数据)

请输入平时成绩、实验成绩和期末成绩(用","分隔):<u>*-1,-2,-3*</u>
您的输入有误!

【输入输出样例2】(其中斜体加下画线表示输入数据)

请输入平时成绩、实验成绩和期末成绩(用","分隔):<u>*90,95.5,78*</u>
良好

视频 4-3

(3) 徐州市铜山万达广场停车场收费标准:停车 30 分钟免费,半小时后每小时收费 6 元,封顶金额为 60 元/日,停车超时不足一小时的,按一个计算单位计算。请输入停车时间(分钟),计算应缴停车费。

【输入输出样例1】(其中斜体加下画线表示输入数据)

请输入停车时长(分钟):<u>*108*</u>

您停车时间长为 1 小时 48 分钟,需要支付停车费 12 元!

【输入输出样例 2】(其中斜体加下画线表示输入数据)

请输入停车时长(分钟):*26*

您停车时间长为 0 小时 26 分钟,短暂停车,免费放行!

【输入输出样例 3】(其中斜体加下画线表示输入数据)

请输入停车时长(分钟):*1843*

您停车时间长为 1 天 6 小时 43 分钟,隔夜存放,您需要支付停车费 102 元!

实验 5 循环结构设计

一、实验目的

（1）熟悉并掌握 while 语句的语法格式和使用方法。

（2）熟悉并掌握 for...in 语句的语法格式和使用方法。

（3）熟悉用于提前结束循环的 break 和 continue 语句。

（4）学会使用循环嵌套解决实际问题。

（5）了解穷举法和迭代法的使用。

二、知识导图

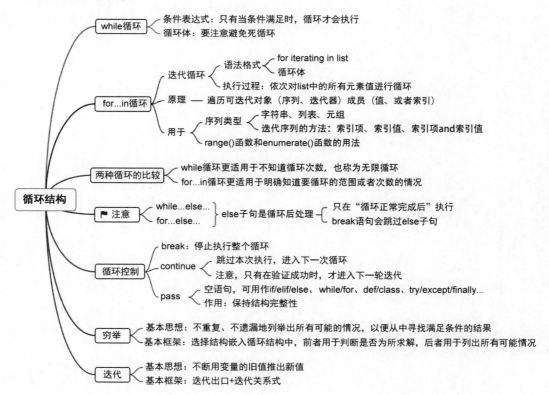

三、实验内容

1. 照猫画虎

请按照程序功能,将语句功能、输出结果或者 Python 语句填写在横线处。

（1）计算累加和并体会 else 子句的用法。

```
i, sum = 1, 0
n = eval(input("input n:"))          #输入 n
while_____:                  #循环条件为小于或等于 n
    _____                    #累加 sum
    _____                    #i 自增 1
    if sum > 10:
        print("提前结束!sum = %d" % (sum))
        break
else:
    print("正常结束!sum = %d" % (sum))
```

当 n＝3 时,输出结果为:_____。

当 n＝10 时,输出结果为:_____。

第 2 种输出结果的原因是:_____。

（2）输入一个整数,判断并输出它的位数。

```
x = eval(input("input x:"))
t = x
count = 0
if x < 0:
    x = - x                          #求 x 的绝对值
if x == 0:
    print("%d是1位数" % (x))
else:
    while_____:              #循环条件
        _____               #位数加 1
        _____               #x 变化
    print("{}是{}位数.".format(t, count))
```

当 x＝0 时,输出结果为:_____。

当 x＝123 时,输出结果为:_____。

当 x＝－2022 时,输出结果为:_____。

（3）求 1～10 的偶数和与奇数和并输出结果。

```
sum_even = sum_odd = 0               #sum_even 表示偶数和,sum_odd 表示奇数和
for i in range(_____):
```

```
            if_____:
                sum_even += i
            else:
                sum_odd += i
        print("1~10 的偶数和是%d,奇数和是%d" % (_____))
```

（4）编写一个程序,将字符串进行加密。加密规则为:将每位原密码的 ASCII 码值加 5 返回新字母或者数字,然后在新生成的每位密码的前后各加 1 位随机生成的假密码。

```
import random
word = input("请输入您的英文密码:").strip(" ")  #strip()函数的功能为:_____
num = "abcdefghijklmnopqrstuvwxyz1234567890"
password = ""
for item____word:
    new =
    low = random.choice(num)
    upp = random.choice(num).upper()
    password += _____
print(password)
```

2. 牛刀初试

（1）小明想用压岁钱环游中国,妈妈告诉他大约需要 30000 元,但现在小明只有 5000 元。他请妈妈帮忙存在银行里,银行年利息 3.7%,小明几年能存够?
【输出样例】
小明 * 年后可以环游中国。
（2）编程实现以下功能,依次输入行和列的数字,按行列打印由"*"组成的矩形。
【输入输出样例】(其中斜体加下画线表示输入数据)
请输入矩阵的行数:*3*
请输入矩阵的列数:*4*

```
* * * *
* * * *
* * * *
```

（3）登录网站、电子邮箱和银行取款时都需要用户输入的"密码",并且有密码验证、输入次数以及重新设置的规则。请编程对此过程进行模拟,需要具备:
① 用户输入密码正确可以登录;
② 用户输入密码错误能继续输入,次数最多为 3 次;
③ 忘记密码时可以重置。初始密码为"888888"。
【输入输出样例 1】(其中斜体加下画线表示输入数据)
请输入 6 位密码:*123456*
密码错误,已经输错 1 次
请输入 6 位密码:*123456*

密码错误,已经输错 2 次

请输入 6 位密码:*123456*

密码错误,已经输错 3 次

输入密码 3 次,您是否需要重新设置密码?(Y/N)*Y*

请输入您的新密码:*123456*

密码重置成功!

【输入输出样例 2】(其中斜体加下画线表示输入数据)

请输入 6 位密码:*888888*

密码正确,正在登录!

3. 挑战自我

(1)《宰相的麦子》讲的是一位国王要奖励国际象棋发明者,奖励方法为在棋盘上第一格放一粒麦子,第二格放二粒,第三格放四粒……按后面一格的麦子总是前一格麦子数的两倍这个比例,放满整个棋盘 64 个格子。结果倾全国之力也无法完成这个奖励。与古代相比,现在生产力水平有了大幅度提高,2021 年我国粮食总产量突破 68285 万吨。1 千克麦子大概 5000 粒,请利用程序计算:以 2021 年我国的粮食总产量能放满棋盘的多少格?

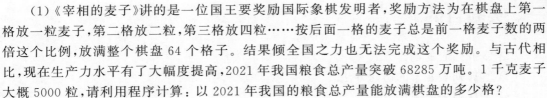
视频 5-1

【输出样例】

2021 年我国全国粮食产量可以放满棋盘的 * 格。

(2) 看过武侠小说《射雕英雄传》的人都会记得,黄蓉与瑛姑见面时,瑛姑出过这样一道数学题:"今有物不知其数,三三数之剩二,五五数之剩三,七七数之剩二,问几何?"请编程计算 1000 以内此物的数量,并每行显示 5 个(设置宽度为 6,且靠左对齐)。

视频 5-2

【输出样例】

今有物不知其数,三三数之剩二,五五数之剩三,七七数之剩二,问几何?

23	128	233	338	443
548	653	758	863	968

(3) 一辆以固定速度行驶的汽车,司机在上午 10 点看到里程表上的读数是一个回文数(即这个数从左向右读和从右向左读是完全一样的),为 95859。两个小时后里程表上出现了一个新的回文数,该数仍为 5 位数。问该车的速度是多少(结果保留 2 位小数)? 新的回文数是多少?

视频 5-3

【输出样例】

里程表上出现的新回文数是 *****。

车速为 *** km/h。

(4) 有三对情侣同时举办婚礼,假设三位新郎为 A、B、C,三位新娘为 X、Y、Z。有参加婚礼的朋友不清楚谁和谁结婚,所以去询问了这六位新人中的三位,得到的回答是:新郎 A 说他要和新娘 X 结婚;新娘 X 说她的未婚夫是新郎 C;而新郎 C 说他要和新娘 Z 结婚。听到这样的回答后,提问者知道他们都在开玩笑,说的都是假话,但他仍不清楚谁和谁结婚。请编写程序求出到底哪位新郎和哪位新娘结婚。

视频 5-4

实验 6

列　表

一、实验目的

(1) 掌握列表的创建方式。

(2) 掌握列表元素的访问方法。

(3) 掌握列表的遍历。

(4) 掌握列表的增加、删除、修改。

(5) 掌握列表的基本操作：统计长度、统计出现次数、计算最大值、最小值、求和等。

二、知识导图

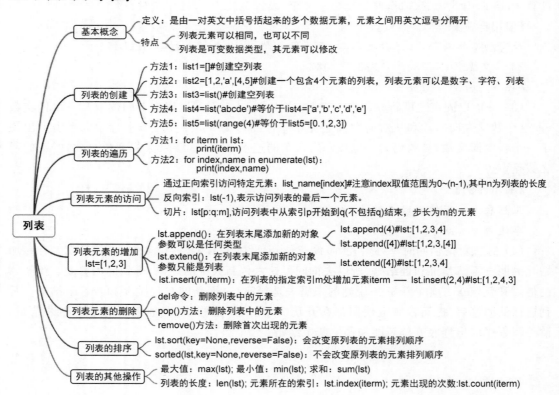

三、实验内容

1．照猫画虎

在 IDLE Shell 的命令提示符后面依次输入下面的语句,将语句功能、输出结果或者 Python 表达式填写在横线处。

（1）列表的定义与列表元素的访问。

```
>>> list1 = ['hellotheworld',79,['南京','徐州']]
>>> print(len(list1))                            # 输出结果为: _____
>>> print(list1[0])                              # 输出结果为: _____
>>> print(list1[-1])                             # 输出结果为: _____
>>> print(list1[2][1])                           # 输出结果为: _____
>>> list2 = list(range(5))
>>> print(list2)                                 # 输出结果为: _____
>>> list3 = [i * 2 for i in range(4)]
>>> print(list3)                                 # 输出结果为: _____
```

（2）列表的切片。

```
>>> list4 = list(range(10))
>>> print(list4[2:4])                            # 输出结果为: _____
>>> print(list4[1:8:2])                          # 输出结果为: _____
>>> print(list4[-3:-1])                          # 输出结果为: _____
```

（3）列表的遍历。

```
>>> list5 = list(range(10))
>>> for i in list5:
        print(i,end = ",")                       # 输出结果为: _____
>>> list6 = ['星期一','星期二','星期三','星期四','星期五','星期六','星期日']
>>> for index,day in enumerate(list6):
        print(index,":",day,end = "")            # 输出结果为: _____
```

（4）列表元素的增加。

```
>>> list7 = ["北京市","上海市","天津市"]
>>> list7.append("重庆市")
>>> print(list7)                                 # 输出结果为: _____
>>> list7 = ["北京市","上海市","天津市"]
>>> list8 = ['重庆市']
>>> list7.extend(list8)
>>> print(list7)                                 # 输出结果为: _____
>>> list7 = ["北京市","上海市","天津市"]
```

```
>>> list8 = ['重庆市']
>>> list7.append(list8)
>>> print(list7)                                    # 输出结果为：_____
>>> list9 = ['富强','民主','文明','自由','平等','公正','法治','爱国','敬业','诚信','友善']
>>> list9.insert(3,'和谐')
>>> print(list9)                                    # 输出结果为：_____
>>> ls = ["2022","20.22","Python"]
>>> ls.append(2022)
>>> ls.append([2022,"2022"])
>>> print(ls)                                       # 输出结果为：_____
```

（5）列表元素的删除。

```
>>> list_a = ["C","Java","C++","Python","Pascal"]
>>> del list_a[ - 1]
>>> print(list_a)                                   # 输出结果为：_____
>>> list_a = ["C","Java","C++","Python","Pascal"]
>>> list_a.pop(1)                                   # 输出结果为：_____
>>> dat = ['1','2','3','0','0','0']
>>> for item in dat:
        if item == '0':
            dat.remove(item)
>>> print(dat)                                      # 输出结果为：_____
```

（6）列表元素的修改。

```
>>> list_c = list(range(5))
>>> for i in range(len(list_c)):
        list_c[i] += 1
>>> print(list_c)                                   # 输出结果为：_____
```

（7）列表元素的排序。

```
>>> list_d = [78,56,90,80,82]
>>> list_d.sort()
>>> print(list_d)                                   # 输出结果为：_____
>>> list_d = [78,56,90,80,82]
>>> list_d.sort(reverse = True)
>>> print(list_d)                                   # 输出结果为：_____
>>> list_d = [78,56,90,80,82]
>>> list_e = sorted(list_d)
>>> print(list_d)                                   # 输出结果为：_____
>>> print(list_e)                                   # 输出结果为：_____
```

（8）列表的其他常见操作。

```
>>> list_score = [78,83,90,69,74] #某一同学的分数列表
>>> list_score2 = [93,85] #另外两门课的成绩
>>> list_score = list_score + list_score2
>>> print(max(list_score))                    #输出结果为：_____
>>> print(min(list_score))                    #输出结果为：_____
>>> print(sum(list_score))                    #输出结果为：_____
>>> _____            #输出平均分
>>> ls = [[1,2,3],[[4,5],6],[7,8]]
>>> print(len(ls))                             #输出结果为：_____
```

2. 牛刀初试

(1) 利用列表编写程序模拟福利彩票的双色球产生过程,由程序产生出 6 个红色球和 1 个蓝色球。要求:

对于红色球,从 1~33 号球选择 6 个不重复的号码。

对于蓝色球,从 1~16 号球中选择 1 个号码。

从而组成的一个 7 位数的号码组合,在显示的时候,先显示红色球,按照从小到大的顺序依次显示,然后显示蓝色球。

【输出样例 1】

本期的开奖号码是:

红色球: 2 7 10 12 13 27 蓝色球: 7

【输出样例 2】

本期的开奖号码是:

红色球: 1 10 11 19 20 28 蓝色球: 12

(2) 编写一个程序实现从 3 个列表中随机选择一个元素,将选出的 3 个元素组合实现造句功能。假设有 3 个列表:list_mood=["开心的","难过的"],list_name=["小红","小明","小丽"],lstwhat=["在看电视","在流泪","在吃晚饭"]。请分别从这 3 个列表中随机抽取一个元素,按顺序生成一个句子。

【输出样例 1】

难过的小明在流泪

【输出样例 2】

难过的小明在吃晚饭

(3) 利用列表实现剪刀石头布模拟游戏。用户输入剪刀、石头和布中的任意一个,编写一个程序,随机从 3 个中输出一个,判断输赢,三局两胜。

【输入输出样例 1】(其中斜体加下画线表示输入数据)

请做出选择(0:石头 1:剪刀 2:布):*0*

电脑:剪刀 玩家:石头　结果:你赢了

请做出选择(0:石头 1:剪刀 2:布):*2*

电脑:剪刀 玩家:布　结果:你输了

请做出选择(0:石头 1:剪刀 2:布):*1*

电脑:布 玩家:剪刀　结果:你赢了

最终结果:你获胜

【输入输出样例2】(其中斜体加下画线表示输入数据)

请做出选择(0:石头 1:剪刀 2:布):*1*

电脑:石头 玩家:剪刀　结果:你输了

请做出选择(0:石头 1:剪刀 2:布):*1*

电脑:石头 玩家:剪刀　结果:你输了

最终结果:电脑获胜

【输入输出样例3】(其中斜体加下画线表示输入数据)

请做出选择(0:石头 1:剪刀 2:布):*1*

电脑:剪刀 玩家:剪刀　结果:平局

请做出选择(0:石头 1:剪刀 2:布):*1*

电脑:石头 玩家:剪刀　结果:你输了

请做出选择(0:石头 1:剪刀 2:布):*2*

电脑:剪刀 玩家:布　结果:你输了

最终结果:电脑获胜

3. 挑战自我

视频 6-1

(1) 编写程序,输入一个公元纪年的年份,输出这一年对应的天干地支年份。

提示:古代中国使用天干地支来记录当前的年份。天干共有 10 个,分别为甲、乙、丙、丁、戊、己、庚、辛、壬、癸。地支共有 12 个,分别为子、丑、寅、卯、辰、巳、午、未、申、酉、戌、亥。将天干和地支连起来,就组成了一个天干地支的年份,例如,甲子。2022 年是壬寅年。每过一年,天干和地支都会移动到下一个,2023 年就是癸卯年。每过 60 年,天干会循环 6 轮,地支会循环 5 轮,所以天干地支纪年每 60 年轮回一次。例如,1900 年、1960 年、2020 年都是庚子年。

【输入输出样例1】(其中斜体加下画线表示输入数据)

请输入公元纪年:*2020*

2020 年为庚子年

【输入输出样例2】(其中斜体加下画线表示输入数据)

请输入公元纪年:*2021*

2021 年为辛丑年

视频 6-2

(2) 某个班级学习了 3 首古诗:poem1＝"浩荡离愁白日斜,吟鞭东指即天涯。落红不是无情物,化作春泥更护花。" poem2＝"结庐在人境,而无车马喧。问君何能尔? 心远地自偏。采菊东篱下,悠然见南山。山气日夕佳,飞鸟相与还。此中有真意,欲辨已忘言。" poem3＝"茅檐低小,溪上青青草。醉里吴音相媚好,白发谁家翁媪? 大儿锄豆溪东,中儿正织鸡笼。最喜小儿亡赖,溪头卧剥莲蓬。"

为了能够检查同学们是否会背诵,请编写程序,帮助老师来检查。从 3 首古诗中任选一首,从该首诗词中空出一句,让同学输入答案,并判断是否正确。

【输入输出样例1】(其中斜体加下画线表示输入数据)

诗词填空

浩荡离愁白日斜,吟鞭东指即天涯。_____,化作春泥更护花。

请输入您的答案:*落红不是无情物*

回答正确

【输入输出样例2】(其中斜体加下画线表示输入数据)

诗词填空

结庐在人境,而无车马喧。问君何能尔?_____。采菊东篱下,悠然见南山。山气日夕佳,飞鸟相与还。此中有真意,欲辨已忘言。

请输入您的答案:*问君为什么*

对不起,回答错误,正确答案是:心远地自偏

实验 7

元 组

一、实验目的

（1）掌握元组的创建方式。

（2）掌握元组元素的访问方法。

（3）掌握元组的遍历。

（4）掌握元组的基本操作：统计长度，统计出现次数，计算最大值、最小值、平均值等。

二、知识导图

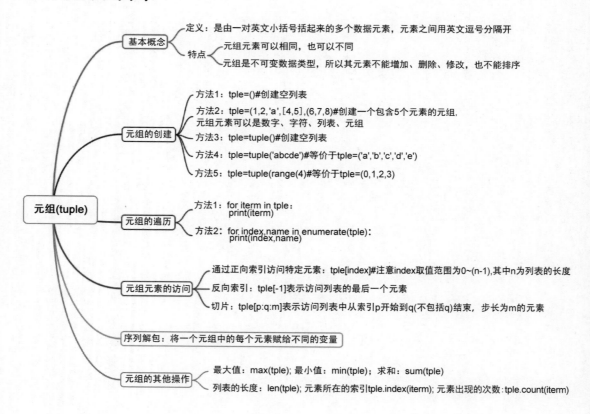

三、实验内容

1. 照猫画虎

在 IDLE Shell 的命令提示符后面依次输入下面语句,将语句功能、输出结果或者 Python 表达式填写在横线处。

(1) 元组的定义与元组元素的基本操作。

```
>>> t1 = ()                              # 其功能是:_____
>>> tuple1 = (1,2,3,4,5,6,7,8,9,10)
>>> print(tuple1[3])                     # 输出结果为:_____
>>> print(tuple1[1:4])                   # 输出结果为:_____
>>> print(tuple1[9:2:-2])                # 输出结果为:_____
>>> print(sum(tuple1))                   # 输出结果为:_____
>>> print(max(tuple1))                   # 输出结果为:_____
>>> print(min(tuple1))                   # 输出结果为:_____
>>> tuple2 = tuple('abcdabcdaaa')
>>> print(tuple2.count('a'))             # 输出结果为:_____
>>> print(tuple2.index('a'))             # 输出结果为:_____
>>> tuple3 = (1,4,3,2)
>>> tuple4 = tuple("abcd")
>>> t = tuple3 + tuple4
>>> print(t)                             # 输出结果为:_____
```

(2) 阅读下面的程序,请写出其运行结果。

```
lcat = ('狮子','猎豹','虎猫','花豹','孟加拉虎','美洲豹','雪豹')
for s in lcat:
  if '豹' in s:
    print(s,end = " ")              # 执行结果为:_____
```

(3) 元组的常用操作。

```
>>> s = tuple('巴老爷有八十八棵芭蕉树,来了八十八个把式要在巴老爷八十八棵芭蕉树下住.老爷
拔了八十八棵芭蕉树,不让八十八个把式在八十八棵芭蕉树下住.八十八个把式烧了八十八棵芭蕉
树,巴老爷在八十八棵树边哭.')
>>> _____    # 输出字符"八"出现次数
```

2. 牛刀初试

(1) 定义两个元组:tuple_face=('3','4','5','6','7','8','9','10','J','Q','K','A','2'),tuple_suit=('黑桃','梅花','红桃','方块')。请编写程序,利用这两个元组随机生成一张扑克牌。

【输出样例1】

你拿到了一张梅花J

【输出样例2】

你拿到了一张红桃2

(2) 假设元组中存放了一周内每天的天气情况:日期、最高气温、最低气温、天气状况、风力等级。请编写程序,统计出晴天的天数和平均气温高于29℃的天数。

weather=(('Sunday','29','23','Cloudy','3'),('Monday','26','23','Cloudy','3'),('Saturday','24','21','rainy','2'),('Wednesday','29','24','Sunny','2'),('Tuesday','36','25','Sunny','2'),('Friday','33','27','Cloudy','4',('Saturday','34','26','Sunny','3'))

【输出样例】

本周天气晴朗的天共有:2天

本周平均气温高于29℃的天共有:2天

3. 挑战自我

视频7-1

(1) 编写程序,输入出生年月日,输出你的生肖和星座。中国生肖基于12年一个周期,每年用一种动物代表:鼠、牛、虎、兔、龙、蛇、马、羊、猴、鸡、狗、猪。1900年为鼠年。

【输入输出样例1】(其中斜体加下画线表示输入数据)

请输入你的出生年月日(格式如20050312):*20020415*

您的生肖是:马

您的星座是:白羊座

【输入输出样例2】(其中斜体加下画线表示输入数据)

请输入你的出生年月日(格式如20050312):*20001212*

您的生肖是:龙

您的星座是:射手座

视频7-2

(2) 江苏省徐州市是国家历史文化名城、全国性综合交通枢纽、淮海经济区中心城市。截至2021年6月,徐州地铁已经开通3条线路,其中2号地铁线路上行所途经的站点名称依次为:客运北站、李沃、九里山、奔腾大道、九龙湖、庆云桥、彭城广场、户部山、师大云龙校区、中心医院、淮塔、科技城、七里沟、百果园、拖龙山、大龙湖、市行政中心、汉源大道、新元大道、新城区东。请编写程序,根据用户输入的起始站点和目的站点,输出是乘坐上行线路还是下行线路,以及要经过的站点数。

【输入输出样例1】(其中斜体加下画线表示输入数据)

请输入你的起点站:*彭城广场*

请输入你的终点站:*大龙湖*

请乘坐上行线路,从彭城广场到大龙湖将经过9站

【输入输出样例2】(其中斜体加下画线表示输入数据)

请输入您的起点站:*大龙湖*

请输入您的终点站:*彭城广场*

请乘坐下行线路,从大龙湖到彭城广场将经过9站

实验 8

字 典

一、实验目的

(1) 掌握字典的创建方式。

(2) 掌握字典元素的访问方法。

(3) 掌握字典的基本操作。

二、知识导图

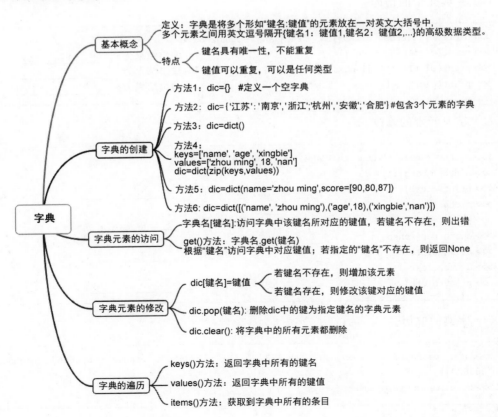

三、实验内容

1. 照猫画虎

在 IDLE Shell 的命令提示符后面依次输入下面语句,将语句功能、输出结果或者 Python 表达式填写在横线处。

（1）字典的定义。

```
>>> dict1 = {}                                           # 其功能为: _____
>>> dict2 = dict()
>>> print(dict2)                                         # 输出结果为: _____
>>> keys = ['name','age','xingbie']
>>> values = ['zhouming',18,'nan']
>>> dictb = dict(zip(keys,values))
>>> print(dictb)                                         # 输出结果为: _____
>>> dictc = dict(name = 'zhouming',age = 18,xingbie = 'nan')
>>> print(dictc)                                         # 输出结果为: _____
>>> dictd = dict([('name','zhouming'),('age',18),('xingbie','nan')])
>>> print(dictd)                                         # 输出结果为: _____
```

（2）字典元素的访问。

```
>>> dict1 = {"jiangsu":"nanjing","zhejiang":"hangzhou"}
>>> print(dict1["jiangsu"])                              # 输出结果为: _____
>>> print(dict1.get("jiangsu"))                          # 输出结果为: _____
>>> print(dict1.get("hubei"))                            # 输出结果为: _____
```

（3）字典元素的修改。

```
>>> dictb = {'name':'zhouming','age':18,'xingbie':'nan'}
>>> dictb['chengji'] = 88
>>> print(dictb)                                         # 输出结果为: _____
>>> dictb['chengji'] = 91
>>> print(dictb)                                         # 输出结果为: _____
>>> dictb.pop('chengji')
>>> print(dictb)                                         # 输出结果为: _____
>>> dictb.clear()
>>> print(dictb)                                         # 输出结果为: _____
```

（4）字典的遍历。

```
>>> user_password = {"zhangsan":"abc123","lisi":"123456","wangwu":'666666',"qiansan":
"888888"}
>>> for name in user_password.keys():
```

```
        print(name,end = " ")                              # 输出结果为：_____
>>> top5 = {"长津湖":"吴京","你好,李焕英":"贾玲","唐人街探案 3":"陈思诚","我和我的父
辈":"吴京","中国医生":"刘伟强"}
>>> for director in top5.values():
        print(director,end = " ")                          # 输出结果为：_____
>>> user_password = {"zhangsan":"abc123","lisi":"123456","wangwu":'666666',"qiansan":
"888888"}
>>> for name in user_password.items():
        print(name,end = " ")                              # 输出结果为：_____
```

2. 牛刀初试

(1) 为了监督课程教学质量,学院发起了对某门课程的问卷调查,同学们在"非常满意"
"满意""一般""不满意"中选择一个评语,对该课程进行评价。请统计每种评语出现的次数。

收集到的评语如下:

不满意,满意,满意,满意,满意,满意,一般,非常满意,一般,满意,满意,满意,一般,不
满意,满意,不满意,满意,非常满意,非常满意,满意,满意,不满意,满意,不满意,满意,一
般,非常满意,不满意,一般,非常满意,满意,非常满意,不满意,非常满意,不满意,非常满
意,满意,满意,非常满意,一般,非常满意,满意,满意,非常满意,不满意,非常满意,满意,不
满意,满意,不满意,满意,非常满意,满意,非常满意,一般,非常满意,非常满意,非常满意,
不满意,满意,一般,一般,一般,一般,不满意,不满意,满意,非常满意,非常满意,满意,满
意,非常满意,非常满意,一般,一般,非常满意,一般,一般,满意,非常满意,一般。

【输出样例】

不满意:14

满意:28

一般:16

非常满意:23

(2) 今天小朋友们学习了几首古诗,为了检查小朋友是否掌握了诗的作者,请编写程序
实现该功能。poet={'锄禾':'李绅','九月九日忆山东兄弟':'王维','咏鹅':'骆宾王','秋浦
歌':'李白','竹石':'郑燮','石灰吟':'于谦','示儿':'陆游',"静夜思":"李白"}。

【输入输出样例 1】(其中斜体加下画线表示输入数据)

竹石的作者是谁：*李白*

回答错误,竹石的作者是郑燮

【输入输出样例 2】(其中斜体加下画线表示输入数据)

石灰吟的作者是谁：*于谦*

回答正确!

(3) 编写程序实现 2022 年冬奥会管理系统的登录过程的模拟。假设目前系统的用户
名和密码如下:

bingdundun:Abc12345;xuerongrong:Mar11111;Tommy:To123456

请利用字典编写程序模拟用户登录过程。在登录时,首先要求用户输入用户名,如果用

户名不存在,则提示该用户不存在,系统退出。如果用户存在,则提示输入密码,用户输入密码后,正确则输出登录成功;否则输出密码错误,请重新输入。密码输入次数最多3次。

【输入输出样例1】(其中斜体加下画线表示输入数据)

***** 欢迎来到 2022 年冬奥会 ******

请输入您的用户名:*bingdundun*

请输入您的密码:*Abc12345*

登录成功

【输入输出样例2】(其中斜体加下画线表示输入数据)

***** 欢迎来到 2022 年冬奥会 ******

请输入您的用户名:*xuerongrong*

请输入您的密码:*12345*

密码错误

请输入您的密码:*6666666*

密码错误

请输入您的密码:*8888888*

密码错误

对不起,您三次密码错误,不能登录

【输入输出样例3】(其中斜体加下画线表示输入数据)

***** 欢迎来到 2022 年冬奥会 ******

请输入您的用户名:*pangdundun*

该用户不存在

3. 挑战自我

(1) 在数学上,一个一元多项式 $P_n(x)$ 可按降幂写成:$P_n(x)=p_n x^n+p_{n-1}x^{n-1}+\cdots+p_1 x^1+p_0$,可以利用字典来保存该一元多项式:$\{'n':p_n,'n-1':p_{n-1},\cdots,'1':p_1,'0':p_0,\}$。请编写程序利用字典实现一元多项式的加法。

【输入输出样例1】(其中斜体加下画线表示输入数据)

**** 欢迎使用一元多项式加法 ****

注意输入格式。

例如,$7x^5+3x^4+9x^3+6x^2+2x^1+12x^0$,那么输入:7 5 3 4 9 3 6 2 2 1 12 0

请输入第一个多项式:*4 4 2 2 1 1*

请输入第二个多项式:*3 3 2 2*

$4x^4+3x^3+4x^2+1x^1$

【输入输出样例2】(其中斜体加下画线表示输入数据)

**** 欢迎使用一元多项式加法 ****

注意输入格式。

例如,$7x^5+3x^4+9x^3+6x^2+2x^1+12x^0$,那么输入:7 5 3 4 9 3 6 2 2 1 12 0

请输入第一个多项式:*3 4 5 2 −3 1*

请输入第二个多项式:*−8 4 3 3 8 1*

视频 8-1

$$-5x^4+3x^3+5x^2+5x^1$$

(2) 某市中考体育现场评测总分为 30 分,每一考试题目 10 分,男生女生各有 7 个选项可以选择,每个考生从 7 项中任选 3 项进行测试。评分标准如下表所示。请利用字典编写程序,根据用户输入的性别、项目和项目对应的成绩,计算最后的总分。

视频 8-2

分值	选项1		选项2		选项3		选项4		选项5		选项6		选项7	
	1分钟跳绳		立定跳远		50米跑		掷实心球		50米游泳		1000米跑	800米跑	引体向上	1分钟仰卧起坐
	(个)		(米)		(秒)		(米)		(秒)		(秒)		(个)	
	男	女	男	女	男	女	男	女	男	女	男	女	男	女
10	150	150	2.38	1.89	7.4	8.5	8.6	6.6	90	100	260	250	5	42
9.5	145	145	2.36	1.87	7.6	8.7	8.4	6.4	95	105	265	255		40
9	140	140	2.35	1.85	7.8	9.0	8.2	6.3	100	110	270	260	4	38
8.5	135	135	2.30	1.80	7.9	9.1	8.0	6.1	105	115	275	265		36
8	130	130	2.25	1.75	8.0	9.2	7.8	6.0	110	120	280	270	3	34
7.5	125	125	2.20	1.70	8.1	9.3	7.7	5.9	115	125	285	275		32
7	120	120	2.15	1.65	8.2	9.4	7.6	5.8	120	130	290	280	2	30
6.5	115	115	2.10	1.60	8.3	9.5	7.5	5.7	125	135	295	285		28
6	110	110	2.05	1.55	8.4	9.6	7.4	5.6	130	140	300	290	1	26

【输入输出样例 1】(其中斜体加下画线表示输入数据)

** ** * 欢迎使用中考体育计分程序 ** ** *

请输入您的性别(1 男 2 女):*1*

请输入项目对应的数字(1.跳绳 2.立定跳远 3.50 米 4.实心球 5.游泳 6.1000 米 7.引体向上):*7*

请输入你的数据:*5*

请输入项目对应的数字(1.跳绳 2.立定跳远 3.50 米 4.实心球 5.游泳 6.1000 米 7.引体向上):*1*

请输入你的数据:*145*

请输入项目对应的数字(1.跳绳 2.立定跳远 3.50 米 4.实心球 5.游泳 6.1000 米 7.引体向上):2

请输入你的数据:*2.4*

您的总分为:29.5

【输入输出样例 2】(其中斜体加下画线表示输入数据)

** ** * 欢迎使用中考体育计分程序 ** ** *

请输入您的性别(1 男 2 女):*2*

请输入项目对应的数字(1.跳绳 2.立定跳远 3.50 米 4.实心球 5.游泳 6.800 米 7.仰卧起坐):*1*

请输入你的数据:*150*

请输入项目对应的数字(1.跳绳 2.立定跳远 3.50 米 4.实心球 5.游泳 6.800 米 7.仰卧起坐):*2*

请输入你的数据：_1.86_

请输入项目对应的数字（1.跳绳2.立定跳远3.50米4.实心球5.游泳6.800米7.仰卧起坐）：_7_

请输入你的数据：_42_

您的总分为：29

【输入输出样例3】(其中斜体加下画线表示输入数据)

＊＊ ＊＊ ＊欢迎使用中考体育计分程序 ＊＊ ＊＊ ＊

请输入您的性别(1 男 2 女)：_3_

输入错误

实验 9

集 合

一、实验目的

（1）掌握集合的创建方式。

（2）掌握集合元素的访问方法。

（3）掌握集合的基本操作。

二、知识导图

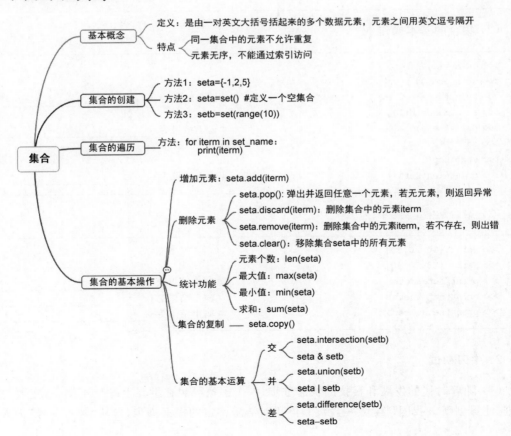

三、实验内容

1. 照猫画虎

在 IDLE Shell 的命令提示符后面依次输入下面语句,将语句功能、输出结果或者 Python 表达式填写在横线处。

(1) 集合的创建。

```
>>> seta = { - 1,2,5}
>>> print(seta)              # 输出结果为: _____
>>> setb = {}
>>> setb                     # 输出结果为: _____
>>> setc = {1,2,3,4,3,2}
>>> print(setc)              # 输出结果为: _____
>>> seta = set()
>>> print(seta)              # 输出结果为: _____
>>> setb = set([1,2,3,4,3,2])
>>> print(setb)              # 输出结果为: _____
>>> setc = set('abcdcba')
>>> print(setc)              # 输出结果为: _____
```

(2) 集合的基本操作。

```
>>> seta = {1,2,3}
>>> seta.add(4)
>>> print(seta)              # 输出结果为: _____
>>> seta.discard(1)
>>> print(seta)              # 输出结果为: _____
>>> setb = {2,3,4}
>>> setb.pop()
>>> print(len(setb))         # 输出结果为: _____
```

(3) 集合运算(交、并、差)。

```
>>> seta = {10,20,30}
>>> setb = {20,30,40}
>>> print(seta&setb)         # 输出结果为: _____
>>> print(seta|setb)         # 输出结果为: _____
>>> print(seta - setb)       # 输出结果为: _____
```

2. 牛刀初试

(1) 随着时代的发展和科技的快速进步,一个国家要想在世界上屹立不倒,一定要与时俱进,注重创新。我国科学界一直没有停止对浩瀚宇宙的探索脚步,自从"神舟一号"无人飞

船发射至今,我国目前已经成功发射了14艘宇宙飞船:

神舟一号(1999 无人飞船)

神舟二号(2001 无人飞船)

神舟三号(2002 搭载模拟人)

神舟四号(2002 搭载模拟人)

神舟五号(2003 杨利伟)

神舟六号(2005 费俊龙、聂海胜)

神舟七号(2008 翟志刚、刘伯明、景海鹏)

神舟八号(2011 搭载模拟人)

神舟九号(2012 景海鹏、刘旺、刘洋)

神舟十号(2013 聂海胜、张晓光、王亚平)

神舟十一号(2016 景海鹏、陈冬)

神舟十二号(2021 聂海胜、刘伯明、汤洪波)

神舟十三号(2021 翟志刚、王亚平、叶光富)

神舟十四号(2022 陈冬、刘洋、蔡旭哲)

请编写程序,统计"神舟一号"到"神舟十一号"一共载过多少人,分别是谁。

【输出样例】

共有12位同志乘坐过神舟号宇宙飞船

他们是:刘伯明刘洋张晓光王亚平刘旺费俊龙汤洪波景海鹏杨利伟叶光富聂海胜翟志刚

(2) 为了迎接2022年北京冬奥会的到来,某班组织举行一次趣味小游戏,但是只能有10位同学参加。该班有50位同学,学号为1001~1050,从中随机选择10位同学,将这10位同学的学号从小到大排序后输出。

【输出样例1】

需要参加游戏的10位同学的学号为:

1002 1012 1017 1023 1024

1025 1031 1038 1045 1050

【输出样例2】

需要参加游戏的10位同学的学号为:

1021 1028 1032 1034 1038

1039 1042 1045 1047 1048

3. 挑战自我

(1) 飞花令是古时候人们经常玩的"行酒令"游戏,是中国古代酒令之一,属雅令。"飞花"一词则出自唐代诗人韩翃《寒食》中"春城无处不飞花"一句。行飞花令时选用诗和词,也可用曲,但选择的句子一般不超过7个字。在《中国诗词大会》中改良了"飞花令",不仅用花字,而且增加了云、春、月、夜等诗词中的高频字,轮流背诵含有关键字的诗句,直至决出胜负。

请编写程序,让用户和计算机来比赛看谁会背诵含有"春"的诗句吧。

视频 9

【输入输出样例1】(其中斜体加下画线表示输入数据)

***** 欢迎来到飞花令环节 *****

今天我们来比赛包含春的诗词

用户：*春江潮水连海平*

计算机：春去花还在

用户：*忽如一夜春风来*

计算机：春江潮水连海平

计算机重复使用

恭喜用户！用户胜出

【输入输出样例2】(其中斜体加下画线表示输入数据)

***** 欢迎来到飞花令环节 *****

今天我们来比赛包含春的诗词

用户：*青春恰自来*

计算机：春江潮水连海平

用户：*春城无处不飞花*

计算机：春风拂槛露华浓

用户：*千树万树梨花开*

不好意思，计算机胜出

【输入输出样例3】(其中斜体加下画线表示输入数据)

***** 欢迎来到飞花令环节 *****

今天我们来比赛包含春的诗词

用户：*忽如一夜春风来*

计算机：春去花还在

用户：*春眠不觉晓*

计算机：春江潮水连海平

用户：*春风送暖入屠苏*

计算机：春江潮水连海平

计算机重复使用

恭喜用户！用户胜出

实验 10

高级数据类型

一、实验目的

(1) 掌握列表与元组的相同点和不同点。
(2) 掌握列表与元组的相互转换。
(3) 掌握集合与列表、元组的区别以及相互转换。
(4) 掌握列表与字典的相互转换。
(5) 学会综合使用列表、元组、集合和字典解决实际问题。

二、知识导图

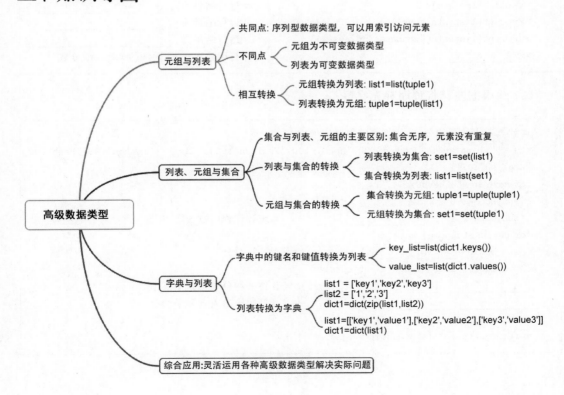

三、实验内容

1. 照猫画虎

在 IDLE Shell 的命令提示符后面依次输入下面语句,将语句功能、输出结果或者 Python 表达式填写在横线处。

(1) 集合与列表、元组的转换。

```
>>> s = set([1,3,2,1,2,7,6])
>>> print(s)              # 运行结果为: _____
>>> print(len(s))         # 运行结果为: _____
>>> list1 = list(s)
>>> print(list1)          # 运行结果为: _____
>>> x = [90,87,93]
>>> y = ['zhang','wang','zhao']
>>> print(dict(zip(y,x))) # 运行结果为: _____
```

(2) 列表与字典。

```
>>> stu = {"zhangsan":{"Python":90,"Math":100,"English":93},"lisi":{"Python":98,"Math":
97,"English":87}}
>>> print(len(stu))                 # 运行结果为: _____
>>> print(list(stu.keys()))         # 运行结果为: _____
>>> print(list(stu["zhangsan"].keys()))  # 运行结果为: _____
>>> _____        # 打印输出 lisi 同学的 English 分数
```

(3) 请根据注释将程序补充完整。

```
# 计算每人的平均分,并增加到字典对应项中
stu = {"zhangsan":{"Python":90,"Math":100,"English":93},"lisi":{"Python":98,"Math":97,
"English":87}}
for name in stu.keys():
    sum_score = 0
    subjects = _____        # 统计课程门数
for sub in stu[name].keys():
    sum_score = _____       # 计算总分
    ave_score = int(sum_score/subjects)
_____               # 将平均分增加到字典中
_____               # 打印输出人名和平均分
for name in stu.keys():
    print(f"{name}:{stu[name]['ave_score']}")
```

2. 牛刀初试

(1) 4 个小朋友小明、小红、小丽、小军参加古诗背诵比赛,经过统计:

小明会背诵《静夜思》《悯农》《春晓》《咏鹅》《咏柳》《凉州词》《登鹳雀楼》《出塞》《春夜喜雨》。

小红会背诵《静夜思》《悯农》《春晓》《咏鹅》《登鹳雀楼》《春晓》《芙蓉楼送辛渐》《鹿柴》《九月九日忆山东兄弟》《古朗月行》。

小丽会背诵《静夜思》《悯农》《春晓》《赠汪伦》《早发白帝城》《春夜喜雨》。

小军会背诵《元日》《忆江南》《江雪》《春夜喜雨》《静夜思》《悯农》《春晓》《咏鹅》。

请编写程序统计会背诵各首诗的人数和人名。

【输出样例】

会背诵《静夜思》的人数为:4,分别是:小明小红小丽小军

会背诵《悯农》的人数为:4,分别是:小明小红小丽小军

会背诵《春晓》的人数为:4,分别是:小明小红小丽小军

会背诵《咏鹅》的人数为:3,分别是:小明小红小军

会背诵《咏柳》的人数为:1,分别是:小明

会背诵《凉州词》的人数为:1,分别是:小明

会背诵《登鹳雀楼》的人数为:2,分别是:小明小红

会背诵《出塞》的人数为:1,分别是:小明

会背诵《春夜喜雨》的人数为:3,分别是:小明小丽小军

会背诵《芙蓉楼送辛渐》的人数为:1,分别是:小红

会背诵《鹿柴》的人数为:1,分别是:小红

会背诵《九月九日忆山东兄弟》的人数为:1,分别是:小红

会背诵《古朗月行》的人数为:1,分别是:小红

会背诵《赠汪伦》的人数为:1,分别是:小丽

会背诵《早发白帝城》的人数为:1,分别是:小丽

会背诵《元日》的人数为:1,分别是:小军

会背诵《忆江南》的人数为:1,分别是:小军

会背诵《江雪》的人数为:1,分别是:小军

(2) 现在很多路段都启用了区间测速。假定某高速区间长度 21.1km,大型汽车限速值为 100km/h,小型汽车限速值为 120km/h。请根据车辆类型和区间耗时(分钟)判断是否超速。在起点监测到:苏 C11111(小),2022 年 1 月 30 日 09:23:15,苏 C22222(大),2022 年 1 月 30 日 09:24:02,苏 C33333(小),2022 年 1 月 30 日 09:24:13,苏 C44444(小),2022 年 1 月 30 日 09:24:56,苏 C55555(小),2022 年 1 月 30 日 09:25:03。在区间测速终点监测到:苏 C11111(小),2022 年 1 月 30 日 09:35:03,苏 C22222(大),2022 年 1 月 30 日 09:33:01,苏 C33333(小),2022 年 1 月 30 日 09:37:19,苏 C44444(小),2022 年 1 月 30 日 09:34:11,苏 C55555(小),2022 年 1 月 30 日 09:38:36

【输出样例】(其中斜体加下画线表示输入数据)

苏 C22222 您已经超速,速度为 140km/h

苏 C44444 您已经超速,速度为 136km/h

(3) 请利用高级数据类型实现当日疫情数据的存储和统计输出。2022 年 1 月 10 日省(自治区、直辖市)的新增病例(包括境外输入病例和本土病例)。

2022 年 1 月 10 日 0～24 时,31 个省(自治区、直辖市)和新疆生产建设兵团报告新增确诊病例 192 例。其中境外输入病例 82 例(上海 27 例,广东 18 例,福建 10 例,天津 8 例,浙江 7 例,广西 5 例,四川 2 例,云南 2 例,北京 1 例,江苏 1 例,河南 1 例);本土病例 110 例(河南 87 例;陕西 13 例;天津 10 例)。无新增死亡病例。无新增疑似病例。(信息来自国家卫生健康委员会官方网站)

【输出样例】

今日新增疫情数据如下:
地区人数
上海 27
广东 18
福建 10
天津 18
浙江 7
广西 5
四川 2
云南 2
北京 1
江苏 1
河南 88

3. 挑战自我

(1) 某一学校为了提高学生的体育素质,特开设了羽毛球班、篮球班、乒乓球班。某一班级班长对本班报名同学进行了汇总如下。

羽毛球班:李红,张明,赵鹏,王健,刘丽,章云,吴军。

篮球班:王刚,吴军,张明,赵鹏,孙亮,高斌,邓文,赵武。

乒乓球班:吴军,高斌,邓文,赵武,李红,刘丽,周诺。

现在需要同学们进行缴费,其中羽毛球班 100 元,篮球班 120 元,乒乓球班 80 元。请利用元组编写程序,输出每个同学应该缴纳的金额。

【输出样例】

李红同学应该缴纳 180 元

王健同学应该缴纳 100 元

赵武同学应该缴纳 200 元

孙亮同学应该缴纳 120 元

张明同学应该缴纳 220 元

吴军同学应该缴纳 300 元

赵鹏同学应该缴纳 220 元

王刚同学应该缴纳 120 元

周诺同学应该缴纳 80 元

高斌同学应该缴纳 200 元

刘丽同学应该缴纳 180 元

章云同学应该缴纳 100 元

邓文同学应该缴纳 200 元

(2) 江苏省徐州市已开通 3 条地铁线路,具体地铁路线图如下:

地铁 1 号线:路窝、杏山子、韩山、工农路、人民广场、苏堤路、徐医附院、彭城广场、民主北路、徐州火车站、子房山、铜山路、黄山城、庆丰路、医科大学、乔家湖、金龙湖、徐州东站。

地铁 2 号线:客运北站、李沃、九里山、奔腾大道、九龙湖、庆云桥、彭城广场、户部山、师大云龙校区、中心医院、淮塔、科技城、七里沟、百果园、拖龙山、大龙湖、市行政中心、汉源大道、新元大道、新城区东。

地铁 3 号线:下淀、白云山、徐州火车站、天桥、和平大桥、淮塔、矿大文昌校区、南三环路、翟山、师范大学、玉泉河、无名山公园、浦江路、焦山、钱江路、高新区南。

视频 10-2

请编写程序,用户输入起始站点和目的地站点,系统给出推荐路线。

【输入输出样例 1】(其中斜体加下画线表示输入数据)

****** 欢迎使用地铁线路查询系统 ******

请输入您的起点站:*中心医院*

请输入您的终点站:*人民广场*

请先乘坐下行地铁 2 号线线路,从中心医院将经过 2 站到彭城广场下车

然后换乘下行地铁 1 号线线路,从彭城广场将经过 3 站到人民广场下车

【输入输出样例 2】(其中斜体加下画线表示输入数据)

****** 欢迎使用地铁线路查询系统 ******

请输入您的起点站:*铜山路*

请输入您的终点站:*师范大学*

请先乘坐下行地铁 1 号线线路,从铜山路将经过 2 站到徐州火车站下车

然后换乘上行地铁 3 号线线路,从徐州火车站将经过 7 站到师范大学下车

【输入输出样例 3】(其中斜体加下画线表示输入数据)

****** 欢迎使用地铁线路查询系统 ******

请输入您的起点站:*大龙湖*

请输入您的终点站:*矿大文昌校区*

请先乘坐下行地铁 2 号线线路,从大龙湖将经过 5 站到淮塔下车

然后换乘上行地铁 3 号线线路,从淮塔将经过 1 站到矿大文昌校区下车

【输入输出样例 4】(其中斜体加下画线表示输入数据)

****** 欢迎使用地铁线路查询系统 ******

请输入您的起点站:*和平大桥*

请输入您的终点站:*无名山公园*

请乘坐上行地铁 3 号线线路,从和平大桥到无名山公园将经过 7 站

实验 11
函数的定义和调用

一、实验目的

（1）掌握函数定义的语法格式。
（2）掌握函数调用的方法。
（3）掌握变量的作用域。

二、知识导图

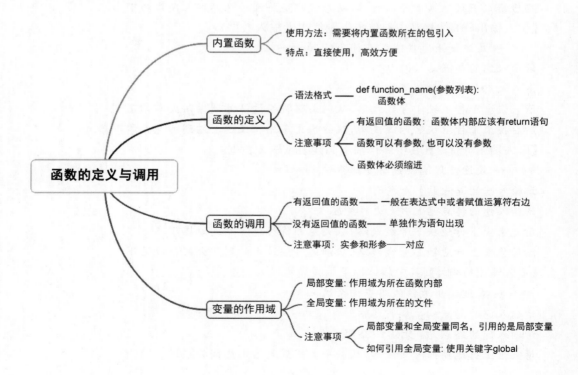

三、实验内容

1. 照猫画虎

（1）观察下面的程序，写出程序的运行结果。

```
def display_Olympic_Winter_Games():
    print("2022 年冬奥会开始时间:2 月 4 日")
    print("2022 年冬奥会结束时间:2 月 20 日")
    print("2022 年冬奥会举办地点:北京、河北张家口")
if__name__ == '__main__':
    display_Olympic_Winter_Games()
```

运行结果为：

（2）阅读程序，根据注释补填写程序。

```
def ave_names(dic1):
    scores = [values for values in dic1.values()]
    ave = _____        #计算平均分
    names = []
    for name in dic1.keys():
        if dic1[name]< ave:
            _____                #将低于平均分的姓名保存在 names 中
    return ave,names
if __name__ == '__main__':
    scores = {"zhangsan":90,"lisi":79,"wangwu":56,"zhangliu":72}
    _____                        #调用函数,获取平均分和低于平均分的同学姓名
    print("平均分:",average)
    print("低于平均分的有:",names)
```

（3）阅读程序，写出程序的运行结果。

```
z = 50
def func1(x,y):
    x1 = x
    y1 = y
    print("in func1, x1:{},y1:{},x:{},y:{},z:{}".format(x1,y1,x,y,z))
def func2():
    x1 = 10
    y1 = 20
```

```
z = 5
print("in func2, x1:{},y1:{},z:{}".format(x1,y1,z))
func1(2,3)
func2()
print("z:{}".format(z))
```

运行结果为：

（4）阅读程序，写出程序的运行结果。

```
num1 = 6
def fun1():
    num1 = 2
    print("函数内修改后 num1 = ",num1)
print("运行 func1 函数前 num1 = ",num1)
fun1()
print("运行 func1 函数后 num1 = ",num1)
```

运行结果为：

2. 牛刀初试

（1）编写函数，判断一个自然数是不是完全数。如果一个正整数等于除它本身之外其他所有除数之和，就称之为完全数。例如，6 是完全数，因为 6＝1＋2＋3，28 也是完全数，28＝14＋7＋4＋2＋1。

【输入输出样例 1】（其中斜体加下画线表示输入数据）

请输入您要查询的数：_79_

79 不是完全数

【输入输出样例 2】（其中斜体加下画线表示输入数据）

请输入您要查询的数：_6_

6 是完全数

（2）为了鼓励居民节约用水，某市实行阶梯水费政策。如果该年的用水量不高于 $220m^3$，水价为 3.45 元/立方米，如果高于 $220m^3$、不高于 $300m^3$，则高出部分水价为 4.83 元/立方米，如果用水量在 $300m^3$ 以上，高于 $300m^3$ 的水价为 5.83 元/立方米。请编写程序，利用函数实现根据用户输入的用水量计算应该缴纳的水费。以上阶梯水量均以户籍人口 3 人设定。户籍人口超过 3 人的用户可以携带户籍证明到我单位营业部门进行阶梯水量调整。户籍人口每增加 1 人，每年各档阶梯水量基数分别增加 $48m^3$。请编写程序，用户输入用水量和家庭人数,程序输出应该缴纳的水费。

　　【输入输出样例1】(其中斜体加下画线表示输入数据)

　　请输入家庭人数:*3*

　　请输入本年度用水量(立方米):*200*

　　您今年应缴费水费为690.0元!

　　【输入输出样例2】(其中斜体加下画线表示输入数据)

　　请输入家庭人数:*5*

　　请输入本年度用水量(立方米):*600*

　　您今年应缴费水费为2665.92元!

　　【输入输出样例3】(其中斜体加下画线表示输入数据)

　　请输入家庭人数:*2*

　　请输入本年度用水量(立方米):*265*

　　您今年应缴费水费为976.35元!

　　(3)春节期间小明在微信群里抢到很多红包,有时是手气王,有时却只抢到1分。请利用函数编写一个程序,实现微信红包的随机分配法。用户输入红包金额和份数,系统按照顺序输出每个红包的金额。

　　【输入输出样例1】(其中斜体加下画线表示输入数据)

　　请输入人数:*2*

　　请输入金额:*10*

　　第1个红包金额为:5.11

　　第2个红包金额为:4.89

　　【输入输出样例2】(其中斜体加下画线表示输入数据)

　　请输入人数:*3*

　　请输入金额:*9*

　　第1个红包金额为:6.3

　　第2个红包金额为:0.21

　　第3个红包金额为:2.49

　　【输入输出样例3】(其中斜体加下画线表示输入数据)

　　请输入人数:*4*

　　请输入金额:*10*

　　第1个红包金额为:4.07

　　第2个红包金额为:2.14

　　第3个红包金额为:3.1

　　第4个红包金额为:0.69

3. 挑战自我

　　(1)学校给某一班级分配了一个名额,去参加2022年北京冬奥会的开幕式。每个人都争着要去,可是名额只有一个,怎么办?班长想出了一个办法,让班上的所有同学(共有 n 个同学)围成一圈,按照顺时针方向进行编号。然后随便选定一个数 m,并且从1号同学开

视频 11-1

始按照顺时针方向依次报数,1,2,…,m,凡报到 m 的同学都要主动退出圈子。然后不停地按顺时针方向逐一让报出 m 者出圈,最后剩下的那个人就是去参加开幕式的人。

请编写函数,在主函数中调用该函数,实现上述功能。

【输入输出样例 1】(其中斜体加下画线表示输入数据)

班级人数:54

报数:7

参加奥运会开幕式的同学的编号为:29

【输入输出样例 2】(其中斜体加下画线表示输入数据)

班级人数:43

报数:6

参加奥运会开幕式的同学的编号为:3

视频 11-2

(2) 编写程序实现超市存包系统的模拟。系统功能主要包括存包和取包。

存放物品时系统会首先判断是否有空柜子,如果有空柜子,则从中选择一个,柜门打开,并生成一个密码给用户,用户就可以将包放入柜子,关上柜门,存包操作完成;如果没有空柜子则提示:对不起,没有空柜子。

取包:用户输入密码,系统根据密码判断是哪一个柜门,然后打开柜门,如果输入的密码系统中不存在则提示:对不起,输入错误。

【输入输出样例】(其中斜体加下画线表示输入数据)

1. 存包

2. 取包

输入您的选择:1

您的柜子为:0 号,密码为:1101745 请保存好您的密码纸

1. 存包

2. 取包

输入您的选择:1

您的柜子为:1 号,密码为:936767 请保存好您的密码纸

1. 存包

2. 取包

输入您的选择:1

您的柜子为:2 号,密码为:0178109 请保存好您的密码纸

1. 存包

2. 取包

输入您的选择:1

您的柜子为:3 号,密码为:628328 请保存好您的密码纸

1. 存包

2. 取包

输入您的选择:1

对不起,没有空柜子

1. 存包

2. 取包

输入您的选择：<u>2</u>

你的密码：<u>0178109</u>

2 号柜子已打开,请取回您的物品

1. 存包

2. 取包

输入您的选择：<u>1</u>

您的柜子为：2 号,密码为：1011808 请保存好您的密码纸

1. 存包

2. 取包

输入您的选择：<u>2</u>

你的密码：<u>628328</u>

3 号柜子已打开,请取回您的物品

1. 存包

2. 取包

输入您的选择：

函数的参数传递

一、实验目的

（1）掌握函数的形参与实参。

（2）掌握参数传递机制：值传递和引用传递。

（3）掌握默认参数、可变长参数和关键字参数。

二、知识导图

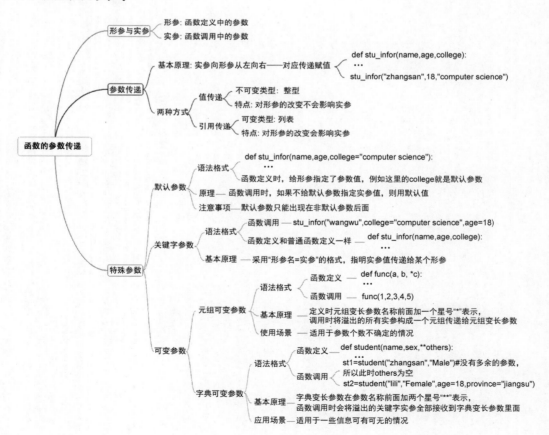

三、实验内容

1. 照猫画虎

（1）阅读下面的程序，写出程序的运行结果。

```
def plus_one(x):
    x = x + 1
def plus_two(list1):
    for i in range(len(list1)):
        list1[i] = list1[i] + 2
m = 5
list1 = [1,2,3]
print("执行增加函数之前:")
print("m:",m)
print("list1:",list1)
plus_one(m)
plus_two(list1)
print("执行增加函数之后:")
print("m:",m)
print("list1:",list1)
```

运行结果为：

（2）阅读下面的程序，写出程序的运行结果。

```
def greet(name = "冰墩墩"):
    print("hello" + name)
greet()
greet("雪容融")
```

运行结果为：

（3）阅读下面的程序，写出程序的运行结果。

```
def power(x, n = 2):  #默认参数 n 的值为 2
    s = 1
    while(n > 0):
        s = s * x
```

```
        n = n - 1
    return s
y = power(5)  # 函数调用时,第二个参数 n 没有指定值,采用默认值 2
print(5," ** ",2," = ",y)
print("4 ** 3 = ",power(4,3))  # 函数调用时,指定了第二个参数 n 的值,就采用指定的值
```

运行结果为:

(4) 阅读下面的程序,写出程序的运行结果。

```
def func(a, b, * c):
    print("a:",a)
    print("b:",b)
    print("c:",c)
func(1,2,3,4,5)
func(1,2)
```

运行结果为:

(5) 阅读下面的程序,写出程序的运行结果。

```
def student(name,sex, ** others):  # others 前面 ** ,表明它可以接收多余的字典参数.
    dic = {}
    dic["name"] = name
    dic["sex"] = sex
    for k in others.keys():
        dic[k] = others[k]
    return dic
students = []
st1 = student("zhangsan","Male")  # 没有多余的参数,所以此时 others 为空
st2 = student("lili","Female",age = 18,province = "jiangsu")  #
students.append(st1)
students.append(st2)
for iterm in students:
    print(iterm)
```

运行结果为:

（6）阅读下面的程序，写出程序的运行结果。

```
def exmaple(a, * args, ** kwargs):
    print("a:",a)
    print("args:",args)
    print("kwargs:",kwargs)
exmaple(1,2,3,4,5,6,7,8,name = 'Python',age = 30,) #有变长元组参数,也有字典变长参数
exmaple(4,5,6) #有元组变长参数,没有字典变长参数
exmaple(2,name = "Lili") #有字典变长参数,没有元组变长参数
exmaple(3) #只有普通参数,没有元组变长参数,也没有字典变长参数
```

运行结果为：

2．牛刀初试

（1）单词加密，输入一个单词，请使用凯撒密码将这个单词加密。

提示：凯撒密码最早由古罗马军事统帅盖乌斯·尤利乌斯·凯撒在军队中用来传递加密信息，故称凯撒密码。这是一种位移加密方式，只对 26 个字母进行位移替换加密。如果移位位数为 3，那么单词中的所有字母都在字母表上向后偏移 3 位后被替换成密文。即 a 变为 d，b 变为 e，……，w 变为 z，x 变为 a，y 变为 b，z 变为 c。例如，lanqiao 会变成 odqtldr。

【输入输出样例 1】（其中斜体加下画线表示输入数据）

请输入原文：*hellopython*

请输入密钥：*3*

加密后是：khoorsvwkrq

【输入输出样例 2】（其中斜体加下画线表示输入数据）

请输入原文：*welcometopython*

请输入密钥：*5*

加密后是：jqhtrjytutymts

（2）某学校举行信息化知识竞答比赛，每个班级参加的人数不一样，现在需要统计每个班级的平均分。请编写程序，用户输入班级数量，然后依次输入班级名称和本班每个同学的分数，输入完毕后，系统计算并打印每个班级的平均分。

【输入输出样例】（其中斜体加下画线表示输入数据）

输入班级数量：*3*

输入班级名称：八一

输入分数，—1 表示结束：

93

95

78

83

—1

输入班级名称:*八二*

输入分数,—1表示结束:

88

77

99

—1

输入班级名称:*八三*

输入分数,—1表示结束:

90

80

—1

班级平均分

八一 87.25

八二 88.0

八三 85.0

3. 挑战自我

视频 12-1

(1) 利用函数实现停车场收费模拟系统。停车场收费标准:停车 30 分钟内免费,超过 30 分钟不足一小时收费 6 元,封顶金额为 60 元/日,停车超时不足一小时的,按一个计算单位计算。为了模拟系统的各个功能,假定该停车场有 3 个停车位。

【输入输出样例】(其中斜体加下画线表示输入数据)

```
**********************
欢迎来到 Python 停车场
1. 进场
2. 离开
**********************
```

输入您的选择:*1*

您的车牌号为:*苏 C11111*

您的入场时间为:2022-02-11 19:37:12

```
**********************
欢迎来到 Python 停车场
1. 进场
2. 离开
**********************
```

输入您的选择:*1*

您的车牌号为:*苏 C22222*

您的入场时间为:2022-02-11 19:37:28

```
**********************
```

欢迎来到 Python 停车场

1. 进场

2. 离开

****

输入您的选择：*1*

您的车牌号为：苏 *C33333*

您的入场时间为：2022-02-11 19:37:45

****

欢迎来到 Python 停车场

1. 进场

2. 离开

****

输入您的选择：*1*

对不起，现在停车位数量为 0，请您稍等

****

欢迎来到 Python 停车场

1. 进场

2. 离开

****

输入您的选择：*2*

您的车牌号为：苏 *C22222*

您的爱车停留时间为：1分钟，停车费为：0元

感谢您的配合，欢迎下次再来！

****

欢迎来到 Python 停车场

1. 进场

2. 离开

****

输入您的选择：*1*

您的车牌号为：苏 *C44444*

您的入场时间为：2022-02-11 19:39:20

****

欢迎来到 Python 停车场

1. 进场

2. 离开

****

输入您的选择：

（2）请编写程序实现图书馆的借书还书模拟系统。注意以下规则：

每人最多借阅 5 本书。

借阅周期是 30 天,超期按照 0.1 元/天/本的标准进行罚款。例如,有 3 本书各超期 5 天,也是 $0.1 \times 5 \times 3 = 1.5$ 元的罚款。借阅图书超期 3 天以内不计算罚款。

系统初始化时存在的图书证卡号有：1000、1001～1009。

【输入输出样例 1】(其中斜体加下画线表示输入数据)

```
***********************
欢迎来到 Python 图书馆
1. 借书
2. 还书
3. 查询本人借阅信息
0. 退出
***********************
输入您的选择：1
您的卡号：1002
继续借书请输入 1：1
图书的 ISBN：
02441074537108
继续借书请输入 1：1
图书的 ISBN：
9314190814303
继续借书请输入 1：1
图书的 ISBN：
55610233999795
继续借书请输入 1：1
图书的 ISBN：
8104177282105
继续借书请输入 1：1
图书的 ISBN：
178106906862610
继续借书请输入 1：1
您已经借了 5 本书,不能再借了
***********************
欢迎来到 Python 图书馆
1. 借书
2. 还书
3. 查询本人借阅信息
0. 退出
***********************
输入您的选择：3
您的卡号：1002
```

图书 ISBN	借阅日期
02441074537108	2022-02-11
9314190814303	2022-02-11
55610233999795	2022-02-11
8104177282105	2022-02-11
178106906862610	2022-02-11

```
***********************
欢迎来到 Python 图书馆
1. 借书
2. 还书
3. 查询本人借阅信息
0. 退出
***********************
输入您的选择：2
您的卡号：1002
继续还书请输入 2：2
图书的 ISBN：9314190814303
```

一、实验目的

(1) 了解递归函数的定义，掌握抽象递归模型。
(2) 能将递归模型转换为对应的递归函数。
(3) 了解递归函数的执行过程。

二、知识导图

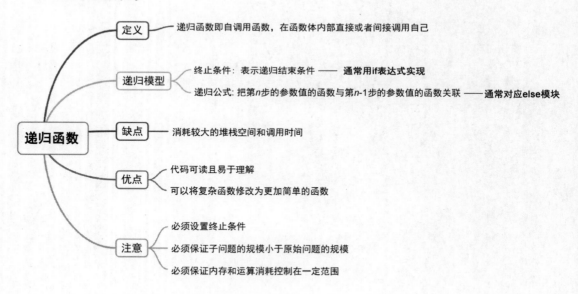

三、实验内容

1. 照猫画虎

请按照程序功能，将语句功能、输出结果或者 Python 语句填写在横线处。

（1）用递归函数实现 $\sum\limits_{i=1}^{100} i$ 。

```
def sum(i):
    if_____:                                      #递归出口
        return 1
    else:
        return_____                               #递归公式


if __name__ == '__main__':
    print("1 + 2 + ... + 100 = %d" % (_____))    #计算 1 + 2 + … + 100 的和
```

输出结果为：_____。

（2）用递归函数求正整数的位数。

```
def fun(n):
    if n == 0:
                                                     #递归出口
        _____
    else:
        return                                       #递归公式


if __name__ == '__main__':
    n = int(input("请输入正整数 n:"))
    print("%d 是 %d 位数." % (n,_____))           #函数调用
```

当 n=12345 时，输出结果为：_____。

2. 牛刀初试

（1）递归解决年龄问题。有 5 个人坐在一起，问第 5 个人有多少岁，他说比第 4 个人大 2 岁。问第 4 个人多少岁，他说他比第 3 个人大 2 岁。问第 3 个人多少岁，他说他比第 2 个人大 2 岁。问第 2 个人多少岁，他说他比第 1 个人大 2 岁。最后问第 1 个人多少岁，他说他是 10 岁。编写程序，求出所有人的年龄。

【输出样例】

第 1 个人的年龄为 10 岁。

第 2 个人的年龄为 12 岁。

第 3 个人的年龄为 14 岁。

第 4 个人的年龄为 16 岁。

第 5 个人的年龄为 18 岁。

（2）小明路过一片桃树林，遇到了一只记性很差的猴子，一直在计算自己 10 天前摘了多少桃子。它记得第 1 天摘了一堆桃子吃了一半又多吃了一个，第 2 天又将剩下的桃子吃了一半又多吃了一个，以后每天都吃了剩下的一半又多吃了一个，到了第 10 天早上发现剩下一个桃子，请问第 1 天猴子摘了多少个桃子？

【输出样例】

第 1 天摘了 ** 个桃子。

【提示】这是比较典型的递归问题。

递归出口为第 10 天时只有 1 个桃子。根据猴子的吃法,第 day 天早上剩下的桃子是第 day+1 天早上剩下桃子数量多 1 个的 2 倍,而 day+1 天早上剩下的桃子个数,即为递归调用。

故递归公式为:

$$peach(day) = \begin{cases} 1, & day = 10 \\ (peach(day+1)+1) \times 2, & 其他 \end{cases}$$

(3)斐波那契数列(Fibonacci sequence)又称黄金分割数列,因数学家莱昂纳多·斐波那契(Leonardo Fibonacci)以兔子繁殖为例子而引入,故又称为"兔子数列",指的是这样一个数列:1、1、2、3、5、8、13、21、34、……请编程计算并输出斐波那契数列的前 20 项。

【输出样例】(其中斜体加下画线表示输入数据)

斐波那契数列的前 20 项为:

1,1,2,3,5,8,13,21,34,55,89,144,233,377,610,987,1597,2584,4181,6765

【提示】这时需要调用一个递归函数。递归出口有两个,其余情况是后一个数值等于前两个数值之和。故递归公式为:

$$fib(n) = \begin{cases} 1, & n = 1 \\ 1, & n = 2 \\ fib(n-1)+fib(n-2), & 其他 \end{cases}$$

3. 挑战自我

视频 13-1

(1)杨辉三角,是二项式系数在三角形中的一种几何排列,最早在中国南宋数学家杨辉 1261 年所著的《详解九章算法》一书中出现。请编程在屏幕上打印指定行数的杨辉三角形。

【输入输出样例】(其中斜体加下画线表示输入数据)

请输入杨辉三角的行数:5
```
            1
          1   1
        1   2   1
      1   3   3   1
    1   4   6   4   1
```

【提示】杨辉三角形中的数,正式多项式 $(x+y)^n$ 展开后各项的系数。从其特点可以归纳递归公式为:

$$c(x,y) = \begin{cases} 1, & y = 1 \text{ 或 } y = x \\ c(x-1,y-1)+c(x-1,y), & 其他 \end{cases}$$

视频 13-2

(2)A、B、C、D、E 这 5 个人合伙夜间捕鱼,凌晨时都已经疲惫不堪,于是各自在河边的树丛中找地方睡着了。第二天日上三竿时,A 第一个醒来,他将鱼平均分成 5 份,把多余的一条鱼扔回河中,然后拿着自己的一份回家去了;B 第二个醒来,但不知道 A 已经拿走了一份鱼,于是他将剩下的鱼平均分为 5 份,扔掉多余的一条鱼,然后只拿走了自己的一份;接着 C、D、E 依次醒来，也都按同样的方法分鱼。问这 5 个人至少合伙捕到多少条鱼？

【输出样例】

5 个人合伙捕到的总鱼数为 **** 条。

【提示】此题较为复杂，需要混合使用不限次数的穷举法和递归法来完成。

首先，分鱼过程隐含一个条件，即每个人看到的总鱼数必须满足 $(x-1) \% 5 == 0$，否则不符合题意。其次，每人的分鱼过程都是在上一个人的基础上减 1 然后平均分 5 份，所以可以用递归法来完成。递归公式为（n 表示参与分鱼的人数，x 表示 n 个人分鱼前鱼的总条数）：

$$\text{fish}(n,x)=\begin{cases}1, & n=1\\ \text{fish}\left(n-1,\dfrac{x-1}{5}\times 4\right), & \text{其他}\end{cases}$$

最后，因为鱼的总条数无法估计，所以需要使用穷举法进行处理。可以设定初值为 6，通过循环以 5 的步长逐渐增加，直到找到一个符合问题要求的结果。

类和对象

一、实验目的

（1）理解面向对象程序设计中"抽象"和"封装"的含义。

（2）掌握 Python 中类定义的方法。

（3）理解类与对象的区别和联系。

（4）掌握实例对象的创建和使用方法。

（5）理解类成员的可访问范围。

（6）会根据实际问题的需要创建类和实例对象。

二、知识导图

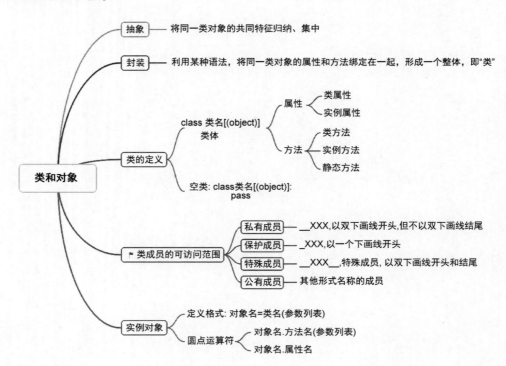

三、实验内容

1. 照猫画虎

请根据提示,将下面的程序补充完整。

```
# Circle 类的定义
class Circle:
    PI = 3.14 # 类变量 所有的圆对象共享该值
    # 请完成构造方法__init__,实现私有属性 radius 的初始化.



    # area 是普通的实例方法,是圆类对外的接口
    # 通过对象名.方法名(参数列表)来调用
    def area(self):
        return Circle.PI * self.__radius ** 2
    # perimeter 是普通的实例方法,是圆类对外的接口
    # 请完成 perimeter 方法,实现求圆的周长.



    # 下面是测试代码
r1 = eval(input("请输入圆的半径:"))
# 请创建圆对象 c1.


print(c1.area())
# 请写输出圆 c1 的周长的代码.
```

2. 牛刀初试

(1) 长方形类 Rectangle 创建长方形类 Rectangle,类中有长(length)和宽(width),有构造函数__init__(),有计算长方形面积的实例方法 area(),有计算周长的实例方法 perimeter()。请编写程序,完成该类,并进行测试。

【输入输出样例】(其中斜体加下画线表示输入数据)

请输入长方形的长:_4_

请输入长方形的宽:_5_

面积为:20 平方米

周长为:18 米

(2) 学生类 Student 创建一个学生类 Student,类中有学号、班级、姓名、数学成绩、英

语成绩、Python 程序设计成绩,有构造函数,有计算学生平均成绩的方法,有输出学生信息的方法。请编写程序,完成该类,并进行测试。

【输入输出样例】(其中斜体加下画线表示输入数据)

请输入学号:*2009001*

请输入班级名称:*20 智 31*

请输入学生姓名:*小苏*

请输入数学成绩:*56*

请输入英语成绩:*79*

请输入 Python 程序设计成绩:*95*

stuNo:2009001

stuClass:20 智 31

stuName:小苏

math:56

english:79

python:95

averageScore:76.67

(3) 一元二次方程类 Equation   一般形式为:ax²+bx+c=0(a≠0)的方程为一元二次方程,请设计一个一元二次方程类 Equation,这个类中有:

- 代表方程的 3 个系数 a、b、c。
- 构造方法__init__。
- 一个名为 computeDelta 的实例方法,用来返回判别式 b²−4ac 的值。
- 一个名为 getRoots 的方法,用来返回方程的根。

完成该类,并编写测试程序。

【提示】

若令 $p=-\dfrac{b}{2a}$,$q=\dfrac{\sqrt{|b^2-4ac|}}{2a}$,则当 b²−4ac=0 时,方程有两个相等的实根:r1=r2=p。

当 b²−4ac>0,方程有两个不相等的实根:r1=p+q,r2=p−q。

当 b²−4ac<0,方程有一对共轭复根:r1=p+qi,r2=p−qi。

【输入输出样例 1】(其中斜体加下画线表示输入数据)

请输入方程的系数 a,b,c:*0,1,2*

It is not a quadratic equation!

【输入输出样例 2】(其中斜体加下画线表示输入数据)

请输入方程的系数 a,b,c:*1,2,1*

r1=r2=−1.00

【输入输出样例 3】(其中斜体加下画线表示输入数据)

请输入方程的系数 a,b,c:*2,6,1*

r1=−0.18   r2=−2.82

【输入输出样例 4】(其中斜体加下画线表示输入数据)

请输入方程的系数 a,b,c:*2,3,2*

r1＝－0.75＋0.66i　　r2＝－0.75－0.66i

3. 挑战自我

单向链表（SingleLinkedList）

链表是一种动态数据结构,它的特点是用一组任意的存储单元存放数据元素。链表中每一个元素称为"结点",每个结点都由数据域和指针域组成。链表的类型有单向链表、双向链表以及循环链表等等。

请用面向对象程序设计的思想,用 Python 语言编程实现单向链表,功能包括链表的创建、添加结点、求链表长度、遍历链表、插入结点、删除结点等,并对单向链表进行测试。

【提示】

链表中有若干"结点",因此,需要设计一个结点类 Node。结点类中有构造函数 __init__,实现对数据域和指针域的初始化。

然后设计一个单向链表类 SingleLinkedList。有构造函数 __init__、链表是否为空函数 isEmpty、求链表长度函数 length、链表的遍历函数 travel、在链表头部添加结点的函数 addNode、在链表的尾部添加结点的函数 appendNode、在指定位置插入结点的函数 insertNode、删除结点函数 deleteNode、查找结点函数 searchNode 等。

单向链表结构示意图如图 14.1 所示。

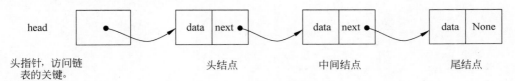

图 14.1　单向链表结构示意图

【输入输出样例】(其中斜体加下画线表示输入数据)

想添加结点吗(Y/N)？ *Y*

请输入数据：*1*

单向链表的元素为：1

想添加结点吗(Y/N)？ *Y*

请输入数据：*2*

单向链表的元素为：1 2

想添加结点吗(Y/N)？ *Y*

请输入数据：*3*

单向链表的元素为：1 2 3

想添加结点吗(Y/N)？ *N*

请输入要插入数据的位置,数据：(用逗号分隔)*1,2*

单向链表的元素为：1 2 2 3

单向链表长度为：4

请输入要查询的数据：*2*

找到了 2！

请输入要查询的数据：<u>5</u>

没有找到 5！

请输入要删除的数据：<u>1</u>

单向链表的元素为：2 2 3

单向链表长度为：3

实验 **15**

属性和方法

一、实验目的

(1) 理解实例属性、类属性和特殊属性的概念。

(2) 掌握实例属性的访问控制方法。

(3) 理解实例方法的概念。

(4) 掌握实例方法的定义格式和调用方式。

(5) 理解静态方法的概念。

(6) 掌握静态方法的定义格式和调用方式。

(7) 熟悉特殊方法的重写和调用。

二、知识导图

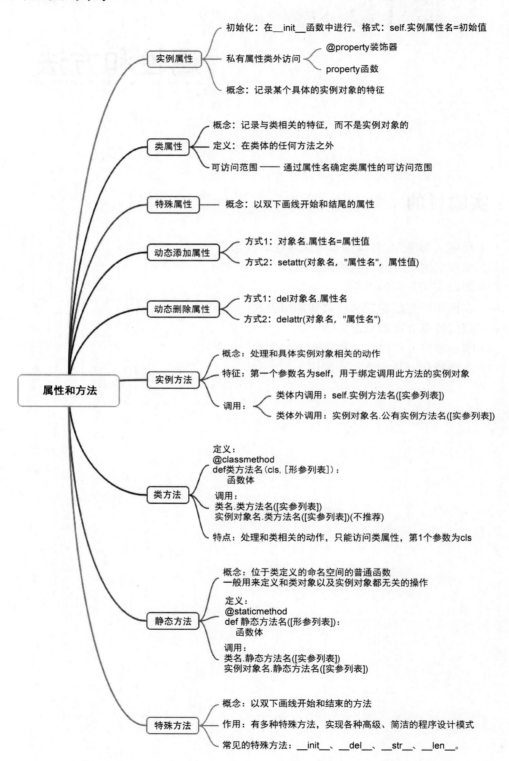

属性和方法

实例属性
- 初始化：在__init__函数中进行。格式：self.实例属性名=初始值
- 私有属性类外访问
  - @property装饰器
  - property函数
- 概念：记录某个具体的实例对象的特征

类属性
- 概念：记录与类相关的特征，而不是实例对象的
- 定义：在类体的任何方法之外
- 可访问范围——通过属性名确定类属性的可访问范围

特殊属性
- 概念：以双下画线开始和结尾的属性

动态添加属性
- 方式1：对象名.属性名=属性值
- 方式2：setattr(对象名，"属性名"，属性值)

动态删除属性
- 方式1：del对象名.属性名
- 方式2：delattr(对象名，"属性名")

实例方法
- 概念：处理和具体实例对象相关的动作
- 特征：第一个参数名为self，用于绑定调用此方法的实例对象
- 调用：
  - 类体内调用：self.实例方法名([实参列表])
  - 类体外调用：实例对象名.公有实例方法名([实参列表])

类方法
- 定义：
  @classmethod
  def类方法名(cls, [形参列表])：
  　　函数体
  调用：
  类名.类方法名([实参列表])
  实例对象名.类方法名([实参列表])(不推荐)
- 特点：处理和类相关的动作，只能访问类属性，第1个参数为cls

静态方法
- 概念：位于类定义的命名空间的普通函数
  一般用来定义和类对象以及实例对象都无关的操作
- 定义：
  @staticmethod
  def 静态方法名([形参列表])：
  　　函数体
  调用：
  类名.静态方法名([实参列表])
  实例对象名.静态方法名([实参列表])

特殊方法
- 概念：以双下画线开始和结束的方法
- 作用：有多种特殊方法，实现各种高级、简洁的程序设计模式
- 常见的特殊方法：__init__、__del__、__str__、__len__。

三、实验内容

1. 照猫画虎

请根据提示,将下面的程序补充完整。

```
#Dog 类的定义
class Dog:
    #请定义类属性 numberOfDogs,用来记录狗的个数.


    def __init__(self,name,age):
        self.__name = name #私有成员 name 的初始化
        self.__age = age #私有成员 age 的初始化
        #请在构造函数中修改 numberOfDogs 的值.



    def run(self):
        print(self.__name + " is running")
        print("It is " + str(self.__age) + " old years")
    def bark(self):
        print(self.__name + " is barking:汪汪,汪汪...")
    #请使用@property 装饰器实现对 Dog 类中私有属性 name 的访问




    #请使用 property 函数实现 Dog 类中私有属性 age 的访问.
    #注意,要先为私有属性 age 编写相应的 getAge,setAge 等函数.




    #请定义一个类方法 showDogNumber,用来访问类属性 numberOfDog




    #请定义一个特殊方法__str__,用来把 Dog 对象像字符串一样输出.




#测试代码
dog1 = Dog("黄豆",4)
print(dog1)
dog1.run()
dog1.bark();
```

```
Dog.showDogNumber()
dog1.name = "黑豆"
dog1.age = 3
print(dog1)
dog2 = Dog("花花",2)
print(dog2)
dog1.run()
Dog.showDogNumber()
```

2. 牛刀初试

(1) 点类 Point。在二维笛卡儿坐标系中,任意一个点都有两个坐标:横坐标 x 和纵坐标 y。全局函数 distance 用来求两个点之间的距离。

请编写程序,完成点类 Point 和全局函数 distance,并进行测试。要求:

- 在构造函数 __init__ 中实现表示横坐标和纵坐标的私有属性 x、y 的初始化。
- 公有实例方法 show 用来输出 x、y。
- 利用@property 装饰器,以便可以在类外利用"实例对象名.属性名"的方式直接访问点类 Point 中的私有属性 x,y。

【输入输出样例】(其中斜体加下画线表示输入数据)

请输入点 1 的 x,y 坐标:

1,1

请输入点 2 的 x,y 坐标:

2,2

(1,1)

(2,2)

distance:1.414

(2) 在第(1)题的基础上,对点类 Point 进行修改。要求:

- 利用 property 函数,以便可以在类外利用"实例对象名.属性名"的方式直接访问点类 Point 中的私有属性 x、y。
- 在点类 Point 中增加一个公有类属性 count,用来对程序中创建的点类个数进行计数。
- 在测试代码中,通过 Point.count 来访问当前点的个数。

【输入输出样例】(其中斜体加下画线表示输入数据)

请输入点 1 的 x,y 坐标:

1,1

请输入点 2 的 x,y 坐标:

2,2

(1,1)

(2,2)

distance:1.414

目前,点的个数为：2

（3）在第（2）题的基础上,对点类 Point 进行修改。要求：

- 删除 show 方法。
- 将类属性 count 的访问属性修改为私有。
- 在点类 Point 中增加一个类方法 showCount 来输出类属性 count。
- 实现特殊方法：__str__(),使点 Point 对象可以像字符串一样输出。

【输入输出样例】(其中斜体加下画线表示输入数据)

请输入点 1 的 x,y 坐标：

1,1

请输入点 2 的 x,y 坐标：

2,2

(1,1)

(2,2)

distance：1.414

目前,点的个数为：2

3. 挑战自我

视频 15

模拟校园自动售卖机

请利用面向对象程序设计的思想,编写一个程序,模拟校园自动售卖机售卖货物。

【提示】

根据题目要求,可以发现问题域中有两个核心名词：货物、校园自动售卖机;一个动词：售卖,表示了售卖机的核心功能。

需要设计一个 Product 类,表示自动售卖机中的货物,货物有货物编号、名字、单价、数量。该类中有构造函数 __init__,实现货物属性的初始化;有一个特殊函数 __str__,实现把货物对象像字符串一样输出。

还需要设计一个 VendingMachine 类,表示自动售卖机。它用来存储若干货物,有核心功能：售货。该类中有一个列表 goods,来存放若干货物;有 amountMoney 私有属性,用来保存总收入;有 addGoods 函数,实现一次性添加若干货物;有 addProduct 函数,用来对某种货物补货;有私有的 Menu 函数,模拟实现货物售卖窗口;有 Work 函数,实现核心的售卖功能。

【输入输出样例】(其中斜体加下画线表示输入数据)

欢迎来到校园自动售卖机！

===

编号	商品名称	单价	数量
1	水	2	5
2	红茶	3	5
3	奶茶	5	5
4	可乐	5	5
5	雪碧	5	5

===

请输入你要购买的商品编号：

2

你选择购买一瓶红茶,应该支付3元!

请选择你的支付方式:

1:扫码支付

2:现金支付

1

嘀!扫码成功!支付成功,谢谢!

请从出货口拿走你的货物!

    欢迎来到校园自动售卖机!

===

编号	商品名称	单价	数量
1	水	2	5
2	红茶	3	4
3	奶茶	5	5
4	可乐	5	5
5	雪碧	5	5

===

请输入你要购买的商品编号:

3

你选择购买一瓶奶茶,应该支付5元!

请选择你的支付方式:

1:扫码支付

2:现金支付

2

请在投币口投入钱币!(注意,只能投入5元、10元或者1元硬币)

模拟投币,请输入你投入的钱数:

10

投币成功,请注意拿走你的找零5元!

请从出货口拿走你的货物!

    欢迎来到校园自动售卖机!

===

编号	商品名称	单价	数量
1	水	2	5
2	红茶	3	4
3	奶茶	5	4
4	可乐	5	5
5	雪碧	5	5

===

请输入你要购买的商品编号:

实验 16
运算符重载、继承和多态性

一、实验目的

(1) 掌握 Python 实现运算符重载的方法。

(2) 了解继承的概念。

(3) 掌握单继承类的编写方法。

(4) 理解多继承类的编写方法。

(5) 理解 Python 多态性的概念。

二、知识导图

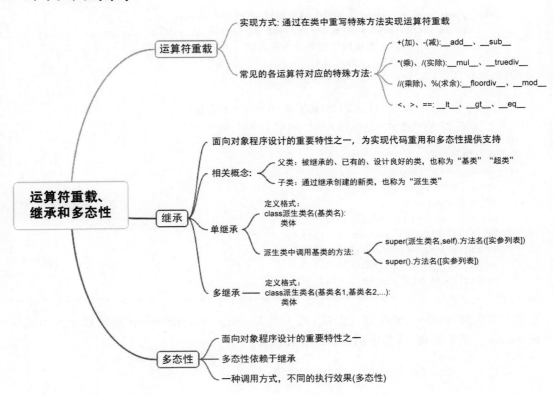

三、实验内容

1. 照猫画虎

(1) 三维向量类 Vector。一个三维向量有 x、y、z 共 3 个坐标。下面的代码自定义了一个三维向量类 Vector,该类支持 Vector 对象的输出、反向以及向量之间的加/减运算。请根据提示,将下面的程序补充完整。

```python
class Vector:
    def __init__(self, x = 0.0, y = 0.0, z = 0.0):
        self.x = x
        self.y = y
        self.z = z
    #请重写__str__特殊函数,实现 Vector 对象的输出




    def __neg__(self):  #反向运算.
        return Vector(- self.x, - self.y, - self.z)
    #请重写__add__函数,实现两个向量相加




    def __sub__(self, other):  #两个向量相减,返回一个新向量
        return Vector(self.x - other.x, self.y - other.y, self.z - other.z)
    #请重写__mul__函数,实现向量和数的数乘运算




    def __rmul__(self, k):  #k 和向量相乘,返回一个新向量
        return Vector(k * self.x, k * self.y, k * self.z)

#下面是测试代码
if __name__ == '__main__':
    v1 = Vector(1, 2, 3)
    v2 = Vector(4, 5, 6)
    print('- v1 = {}'.format(- v1))
    print('v1 + v2 = {}'.format(v1 + v2))
    print('v1 - v2 = {}'.format(v1 - v2))
    print('v1 * 2 = {}'.format(v1 * 2))
    print('2 * v1 = {}'.format(2 * v1))
```

(2) 学生类 Student 已经定义完成,其子类 UndergraduateStudent 新增加了一个属性 department。请根据提示,将下面的程序补充完整。

```
# 基类 Student 类的定义
class Student(object):
    def __init__(self,name,id):
        self._name = name
        self._id = id
    def show(self):
        print("我的名字是:" + self._name + " 学号是:" + self._id)
# 派生类 UndergraduateStudent 的定义
class UndergraduateStudent(Student):
    # 请完成派生类 UndergraduateStudent 的构造函数的定义



    def show(self):
        super().show() # 调用基类中的 show 方法
        print("我在" + self.department)

# 测试代码
us1 = UndergraduateStudent("张三","1001","计算机学院")
us1.show()
```

2. 牛刀初试

（1）学生对象的排序。实验14"牛刀初试"第（2）题中创建了学生类 Student。请对学生类 Student 进行适当修改和扩充，以支持对学生对象按平均成绩的默认排序；然后利用这个 Student 类创建一个有若干学生对象的列表 stuList，对 stuList 中的每个元素求平均成绩，对 stuList 进行排序，输出排序后的列表。

【提示】学生类要支持按平均成绩的默认排序，需要实现"＜"运算符对应的特殊方法：__lt__（），它返回学生对象的平均成绩的比较结果；还要实现特殊方法：__str__（），用于输出学生对象。

测试代码如下所示。

```
# 测试代码
if __name__ == "__main__":
    s1 = Student(1001,"20 智 31","章三",90,87,67)
    s2 = Student(1002, "20 智 31", "李四", 90, 80, 98)
    s3 = Student(1003, "20 智 32", "王五", 95, 87, 85)
    s4 = Student(1004, "20 智 32", "钱七", 80, 83, 77)
    s5 = Student(1005, "20 智 31", "刘芳", 70, 80, 63)
    stuList = [s1,s2,s3,s4,s5]
    for item in stuList:
        item.computeAverageScore()
    print("排序前:")
    print("按原始顺序输出".center(20, '='))
    for item in stuList:
        print(item)
```

```
    stuList.sort()
    print("排序前:")
    print("按平均成绩升序".center(20,'='))
    for item in stuList:
        print(item)
```

【输出样例】

排序前:

======按原始顺序输出======

学号:1001 班级:20 智 31 姓名:章三 数学:90 英语:87 python:67 平均成绩:81.33

学号:1002 班级:20 智 31 姓名:李四 数学:90 英语:80 python:98 平均成绩:89.33

学号:1003 班级:20 智 32 姓名:王五 数学:95 英语:87 python:85 平均成绩:89.00

学号:1004 班级:20 智 32 姓名:钱七 数学:80 英语:83 python:77 平均成绩:80.00

学号:1005 班级:20 智 31 姓名:刘芳 数学:70 英语:80 python:63 平均成绩:71.00

排序后:

======按平均成绩升序======

学号:1005 班级:20 智 31 姓名:刘芳 数学:70 英语:80 python:63 平均成绩:71.00

学号:1004 班级:20 智 32 姓名:钱七 数学:80 英语:83 python:77 平均成绩:80.00

学号:1001 班级:20 智 31 姓名:章三 数学:90 英语:87 python:67 平均成绩:81.33

学号:1003 班级:20 智 32 姓名:王五 数学:95 英语:87 python:85 平均成绩:89.00

学号:1002 班级:20 智 31 姓名:李四 数学:90 英语:80 python:98 平均成绩:89.33

思考:如果要求按平均成绩降序排序输出列表,应如何修改测试代码?

(2) 长方体类。在实验 14"牛刀初试"第(1)题中创建了 Rectangle 类。请完成如下的功能:

* 为 Rectangle 类的私有属性 length、width 分别增加 get 和 set 方法;增加一个内置的__str__方法,实现输出矩形对象的长和宽。
* 创建一个长方体类 Cuboid。Cuboid 类从 Rectangle 类派生,增加一个表示长方体高的属性 height;定义 Cuboid 类的构造函数__init__;增加计算长方体体积的实例方法 Volume;重写内置方法__str__,输出长方体对象的长、宽和高;重写从父类 Rectangle 继承的 area 方法,求长方体的表面积;也可以根据需要自行添加其他方法。
* 编写适当的测试代码,对创建的类进行测试。

【输入输出样例】(其中斜体加下画线表示输入数据)

请输入矩形的长,宽:*2,3*

长:2

宽:3

矩形的面积:6

请输入立方体的长,宽,高:*2,3,4*

长:2

宽：3

高：4

立方体的表面积：52

立方体的体积：24

（3）动物的多态性。所有的动物都吃食物、都运动。不同种类的动物吃食物的种类、运动的方式都有所不同。比如，海鸥吃小鱼、小虫；海鸥在天空飞翔；鳄鱼吃斑马、野牛；鳄鱼在水中游泳。请创建 Animal 类作为父类，其中有 eat、exercise 方法；海鸥类 Seagull、鳄鱼类 Crocodile 从 Animal 类派生，都重写 eat、exercise 方法。编写适当的测试代码，对创建的类进行测试。

【输出样例】

Seagull eats little fish and worm!

Seagull can fly,walk and swim!

Crocodile eats zebra and buffalo!

Crocodile can walk and swim!

3. 挑战自我

视频 16-1

（1）分数类 Rational。

自定义一个分数类 Rational，用重载运算符完成分数的加、减、乘、除等四则运算和大小的比较运算。该类还应该能处理分母为 0 或分数不是最简形式等情况。

【输入输出样例 1】（其中斜体加下画线表示输入数据）

请输入第 1 个分数：

1/2

请输入第 2 个分数：

3/4

1/2＋3/4＝5/4

1/2－3/4＝−1/4

1/2 * 3/4＝3/8

1/2/3/4＝2/3

1/2＜3/4＝True

1/2＜＝3/4＝True

1/2＞3/4＝False

1/2＞＝3/4＝False

【输入输出样例 2】（其中斜体加下画线表示输入数据）

请输入第 1 个分数：

3/4

请输入第 2 个分数：

6/8

3/4＋3/4＝3/2

3/4－3/4＝0

$3/4 * 3/4 = 9/16$

$3/4/3/4 = 1$

$3/4 < 3/4 = False$

$3/4 <= 3/4 = True$

$3/4 > 3/4 = False$

$3/4 >= 3/4 = True$

（2）评选优秀教师和学生。

视频 16-2

设计一个基类 Person，包含身份证号(id)、姓名(name)两个私有属性。由 Person 类派生出两个子类：Student 类和 Teacher 类。其中 Student 类中新增学号(no)、数学(math)、英语(english)、Python 三门课的成绩和综合素质测评成绩(qualityScore)5 个私有属性。Teacher 类中增加工号(no)、教学工作量(teachQuantity)、科研工作量(researchQuantity)和师德考核评价分数(ethicScore)4 个私有属性。

如果学生的平均成绩和综合素质测评成绩均大于或等于 90 分，则可以评为优秀学生；如果教师的教学工作量大于或等于 350 课时，科研工作量大于或等于 100 分，师德考核评价分数大于或等于 90 分，则可以评为优秀教师。

请创建学生类、教师类并编写适当的测试代码，在输入一系列教师或学生的记录之后，将优秀学生及教师列出来。

【输入输出样例】(其中斜体加下画线表示输入数据)

input teacher(t) or student(s): *s*

请输入学生的身份证号，姓名，学号 用,分开! *32031120021001,章,2021001*

请继续输入该生的数学成绩，英语成绩，python 成绩，综合素质测评成绩，用,分开!

90,89,97,90

continue(Y/N)? *Y*

input teacher(t) or student(s): *t*

请输入教师的身份证号，姓名，工号 用,分开! *41082519721001,王,198001*

请继续输入该教师的教学工作量，科研工作量，师德考核分数，用,分开。

400,100,95

continue(Y/N)? *Y*

input teacher(t) or student(s): *t*

请输入教师的身份证号，姓名，工号 用,分开! *32031119751002,顾,201002*

请继续输入该教师的教学工作量，科研工作量，师德考核分数，用,分开。

350,200,90

continue(Y/N)? *Y*

input teacher(t) or student(s): *s*

请输入学生的身份证号，姓名，学号 用,分开! *32021120021002,孙,2021002*

请继续输入该生的数学成绩，英语成绩，python 成绩，综合素质测评成绩，用,分开!

89,78,87,90

continue(Y/N)? *N*

考核结果如下：

身份证号:32031120021001 姓名：章 平均成绩：92.00 综合素质测评成绩：90

Excellent

身份证号:41082519721001 姓名：王 工号:198001 教学工作量：400 科研工作量:100

师德考核分:95

Excellent

身份证号:32031119751002 姓名：顾 工号:201002 教学工作量：350 科研工作量:200

师德考核分:90

Excellent

实验 17

文本文件的操作

一、实验目的

(1) 掌握文件的打开方式。

(2) 掌握文本文件的写入和读取方法。

二、知识导图

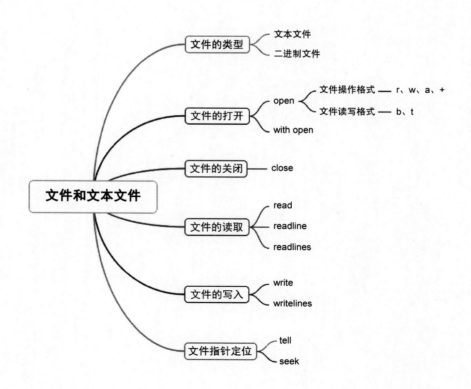

三、实验内容

1. 照猫画虎

（1）文本文件的写入。下面的程序实现从键盘输入若干学生信息，并保存在文本文件 student.txt 中。请根据提示，将程序补充完整。

```
n = int(input("请输入学生人数:"))
#请创建文件对象


f.write("学号,姓名,成绩\n")
for i in range(1,n + 1):
    id,name,score = input("请输入第" + str(i) + "个学生的学号 姓名 成绩:").split()
    #请将输入的一个学生信息写入到文件中


    f.write("\n") #然后换行
#请关闭文件对象


print("数据已经保存在文件中!")
```

（2）文本文件的读取。下面的代码利用 readlines 函数实现读取上题中创建的文本文件 student.txt。请根据提示，将程序补充完整。

```
#请利用 with - open 打开并读取文件 student.txt,读取的结果保存在列表 students 中.


for line in students:
    line = line.strip().split(",")
    print(line)
```

2. 牛刀初试

（1）创建联系人记录文件。每个联系人的联系方式包括姓名、公司、手机号、备注等。编写程序，从键盘输入若干联系人的联系方式，直到输入 N 为止。联系人信息保存到 addresslist.txt 文件中，一行保存一个联系人的联系信息；姓名、公司、手机号码、备注之间用逗号分隔。

【输入输出样例】（其中斜体加下画线表示输入数据）

请输入新联系人的姓名 公司 电话 备注：*郭小荟江苏师范大学13685181001 自己*

continue（Y/N)? *Y*

请输入新联系人的姓名 公司 电话 备注：*王霞江苏师范大学13685181002 同事*

continue(Y/N)？ *Y*

请输入新联系人的姓名 公司 电话 备注：*张九如苏州大学13685181003 儿子*

continue(Y/N)？ *Y*

请输入新联系人的姓名 公司 电话 备注：*张莹莹史志办13685181004 朋友*

continue(Y/N)？ *N*

联系人已经成功添加！

(2) 浏览联系人记录文件。读取第(1)题中创建的联系人文件 addresslist.txt，将所有联系人的信息输出到屏幕上。

【输出样例】

郭小荟 江苏师范大学 13685181001 自己

王霞 江苏师范大学 13685181002 同事

张九如 苏州大学 13685181003 学生

张莹莹 史志办 13685181004 朋友

【注意】保存在文本文件 addresslist.txt 中的每一行记录，数据之间用逗号分隔。输出到屏幕上的联系人信息，数据之间用空格分隔。可以使用 split 函数，实现用指定分隔符对字符串进行切片。

(3) 管理联系人记录文件。编写程序，实现联系人管理系统。

程序运行时，在屏幕上显示如下主菜单：

联系人管理系统

1. 浏览联系人

2. 添加联系人

3. 删除联系人

其他:退出

如果输入 1，则在屏幕上显示所有联系人的信息，然后返回主菜单。

如果输入 2，则提示输入信息，再从键盘输入一个联系人信息，将该联系人信息写入到文件 addresslist.txt 中，并显示"联系人已经成功添加！"，然后返回主菜单。

如果输入 3，则先提示"请输入要删除的联系人姓名："，再从键盘输入一个联系人的姓名，在文件 addresslist.txt 中查找该联系人，如果找到，则将该联系人信息显示在屏幕上，继续提示"确实要删除该联系人吗？"，如果输入 yes，则删除该联系人，然后返回主菜单；如果输入 no，则返回主菜单；如果找不到该联系人，则在屏幕上提示"没有找到联系人×××！"。

如果输入其他任意键，则退出。

【输入输出样例】(其中斜体加下画线表示输入数据)

联系人管理系统

1. 浏览联系人

2. 添加联系人

3. 删除联系人

其他:退出

请输入你的选择：*1*

王书芹 江苏师范大学 13685181002 同事
王霞 江苏师范大学 13685181003 同事
梁银 江苏师范大学 13685181004 同事
谢春丽 江苏师范大学 13685181005 同事
联系人管理系统
1. 浏览联系人
2. 添加联系人
3. 删除联系人
其他:退出
请输入你的选择: 2
请输入新联系人的姓名 公司 电话 备注: 郭小荟江苏师范大学13685181001 自己
continue(Y/N)? N
联系人已经成功添加!
联系人管理系统
1. 浏览联系人
2. 添加联系人
3. 删除联系人
其他:退出
请输入你的选择: 1
王书芹 江苏师范大学 13685181002 同事
王霞 江苏师范大学 13685181003 同事
梁银 江苏师范大学 13685181004 同事
谢春丽 江苏师范大学 13685181005 同事
郭小荟 江苏师范大学 13685181001 自己
联系人管理系统
1. 浏览联系人
2. 添加联系人
3. 删除联系人
其他:退出
请输入你的选择: 3
请输入要删除的联系人姓名: gxh
没有找到联系人gxh!
联系人管理系统
1. 浏览联系人
2. 添加联系人
3. 删除联系人
其他:退出
请输入你的选择: 3
请输入要删除的联系人姓名: 郭小荟

要删除的联系人信息如下：

郭小荟 江苏师范大学 13685181001 自己

确实要删除该联系人吗？（yes/no）*yes*

联系人"郭小荟"已经被删除

联系人管理系统

1. 浏览联系人

2. 添加联系人

3. 删除联系人

其他：退出

请输入你的选择：*1*

王书芹 江苏师范大学 13685181002 同事

王霞 江苏师范大学 13685181003 同事

梁银 江苏师范大学 13685181004 同事

谢春丽 江苏师范大学 13685181005 同事

联系人管理系统

1. 浏览联系人

2. 添加联系人

3. 删除联系人

其他：退出

请输入你的选择：*0*

谢谢使用！

视频 17

3. 挑战自我

简单中英文打字练习

编写程序实现简单的中英文打字练习功能。要练习的原文保存在文件中，打字练习的结果也保存在文件中。练习完成后，输出正确率和练习所用的时间。如果对应位置的字符相同，则认为正确；否则，判断输入错误。

【提示】

正确率的计算方法为：正确的字符数量/原始的字符数量。

可以导入 time 模块，利用其中的相关方法实现时间的计算。

【输入输出样例 1】（其中斜体加下画线表示输入数据）

请输入原文路径及文件名：*ex1.txt*

请输入打字结果路径及文件名：*re1.txt*

开始打字练习！

Beautiful is better than ugly.

beautiful is better than ugly.

Explicit is better than implicit.

expliclit is better thanimplicit.

打字练习结束！

正确率：70％,用时：0.0 小时 0.0 分 31 秒

【输入输出样例 2】(其中斜体加下画线表示输入数据)

请输入原文路径及文件名：*ex2.txt*

请输入打字结果路径及文件名：*re2.txt*

开始打字练习!

优美胜于丑陋

优美胜于丑陋

明了胜于晦涩

明了胜于晦涩

打字练习结束!

正确率：100％,用时：0.0 小时 0.0 分 19 秒

实验 18

csv文件的操作

一、实验目的

（1）了解 csv 文件的格式。

（2）掌握用 csv 模块处理 csv 文件的方法。

二、知识导图

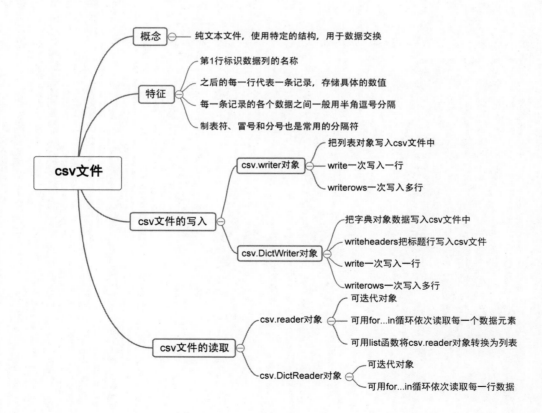

三、实验内容

1. 照猫画虎

（1）csv 文件的写入。下面的程序使用 csv.writer 对象将若干职工信息写入 csv 文件 employees.csv 中。请根据提示将程序补充完整。

```
# 请导入 csv 模块

with open("employees.csv", "w", newline = "") as f:  # 打开文件 employees.csv
    # 请创建 csv.writer 对象 writer


    writer.writerow(['工号', '姓名', '薪水'])  # writer 调用 writerow()方法,一次写入一行数据
    data = [['1001', '张', 9000],
    ['1002', "王", 7800],
    ['1003', "李", 8700],
    ['1004', "赵", 6500]]
    # 请将列表 data 写入 csv 文件


    print("数据已经写入!")
```

（2）csv 文件的读取。

下面的程序使用 csv.reader 对象将 employees.csv 文件中的数据读取出来并显示在屏幕上。请根据提示将程序补充完整。

```
import csv       # 导入 csv 模块
with open("employees.csv","r") as f:
    # 请创建一个 csv.reader 对象 reader


    for row in reader:       # 使用 for...in...循环访问 reader 中每一个元素
        print(row)
```

2. 牛刀初试

（1）认识鸢尾花数据集。

Iris 鸢尾花数据集是 1936 年由 Sir Ronald Fisher 引入的经典多维数据集,在统计学和机器学习领域都经常被用作示例。该数据集内包含 3 类共 150 条记录,每类各 50 个数据,每条记录都有 4 项特征:花萼长度、花萼宽度、花瓣长度、花瓣宽度,可以通过这 4 个特征预测鸢尾花卉属于 iris-setosa、iris-versicolour、iris-virginica 中的哪一品种。该数据集已经保存在 iris.csv 文件中,请编写程序,完成如下功能:

- 输出整个数据集中的数据。
- 输出鸢尾花花萼长度的所有数据。
- 输出鸢尾花花萼宽度的所有数据。
- 输出鸢尾花花瓣长度的所有数据。
- 输出鸢尾花花瓣宽度的所有数据。
- 生成一个随机数 i(1～150)，取出第 i 朵花的特征，输出第 i 朵花的类别。

（2）光盘行动餐饮系统。

改进主教材第 3 章案例"光盘行动餐饮系统"，使用 csv 文件存储餐馆的菜单，实现功能更加真实的餐饮系统。假设菜单文件为 menu.csv。menu.csv 文件的内容示例如图 17.1 所示。

	A	B	C	D
1	编号	菜名	单价(元/份)	种类
2	1	毛氏红烧肉	50	猪肉类
3	2	猪肉炖粉条	25	猪肉类
4	3	红烧牛肉	40	牛肉类
5	4	番茄牛腩	30	牛肉类
6	5	红焖羊肉	100	羊肉类
7	6	孜然烤羊排	100	羊肉类
8	7	酸菜鱼	40	海鲜类
9	8	砂锅鱼	30	海鲜类
10	9	包菜粉丝	10	素菜类
11	10	凉拌木耳	10	素菜类
12	11	牛肉萝卜姜	15	汤类
13	12	酸菜肉丝汤	15	汤类
14	13	韭菜鸡蛋水饺	20	主食类
15	14	猪肉萝卜饺	20	主食类
16	15	面条	15	主食类

图 17.1　menu.csv 内容示意图

【输入输出样例】（其中斜体加下画线表示输入数据）

欢迎光临 Python 餐馆，本餐馆实行"光盘行动"，有几条规则请大家遵守：

1. 根据人数进行点餐，餐品数量为人数—1。

2. 进餐时间为人数 * 15 分钟。

3. 根据剩余食品克数进行收费：

如果总剩余量小于或等于 5g * 人数，则总餐费打八折；

如果总剩余量小于或等于 10g * 人数，则总餐费打九折；

如果总剩余量大于或等于 20g * 人数，则总餐费为应付餐费的 1.5 倍。

光盘行动，从我做起！

请输入进餐人数：*3*

请根据菜单点餐 2 份，注意荤素搭配！

****

Python 餐馆菜单

****

猪肉类

编号	菜名	单价(元/份)
1	毛氏红烧肉	50
2	猪肉炖粉条	25

```
***************************************
        牛肉类
编号        菜名      单价（元/份）
3        红烧牛肉        40
4        番茄牛腩        30
***************************************
        羊肉类
编号        菜名      单价（元/份）
5        红焖羊肉        100
6        孜然烤羊排       100
***************************************
        海鲜类
编号        菜名      单价（元/份）
7        酸菜鱼         40
8        砂锅鱼         30
***************************************
        素菜类
编号        菜名      单价（元/份）
9        包菜粉丝        10
10       凉拌木耳        10
***************************************
        汤类
编号        菜名      单价（元/份）
11       牛肉萝卜羹       15
12       酸菜肉丝汤       15
***************************************
        主食类
编号        菜名      单价（元/份）
13       韭菜鸡蛋水饺      20
14       猪肉萝卜饺       20
15       面条          15
请输入你想要的菜品的编号：
11
请输入你想要的菜品的编号：
13
您一共点了2份餐品：
牛肉萝卜羹 15 元/份
韭菜鸡蛋水饺 20 元/份
现在是您的用餐时间，时间为45分钟.
```

```
**************************************
        很好吃,yummy....
**************************************
```

现在开始结算!

现在请 AI 机器人扫描您盘中剩余食物!

请 AI 机器人报剩余餐品克数:40

应该支付 35 元,因您剩余餐品克数小于或等于 15g,为您打八折,您最终需要支付 28 元。

感谢您为光盘行动做的贡献,谢谢您!

(3)青少年体质状况调查。

少年强则国强!但客观现实是,当下我国儿童青少年的身体素质实在不够强。我国儿童青少年体质健康主要指标连续 20 多年下降,33%的儿童青少年存在不同程度的健康隐患。

Python 学校为了了解学生的身体健康状况,对学生的身高、体重进行了统计。统计结果保存在 BMI.csv 中,文件的编码格式为 UTF-8。文件中第 1 行是"编号,班级,性别,身高(米),体重(千克),BMI指数",从第 2 行开始,是若干学生的编号、班级、性别、身高、体重等信息。内容示意图如图 18.1 所示。

	A	B	C	D	E	F
1	编号	班级	性别	身高(米)	体重(千克)	BMI指数
2	2021001	高二(1)	男	1.72	59	
3	2021002	高二(1)	男	1.7	51	
4	2021003	高二(1)	男	1.75	69	
5	2021004	高二(1)	女	1.55	47	
6	2021005	高二(1)	男	1.73	75	
7	2021006	高二(1)	女	1.6	52	
8	2021007	高二(1)	女	1.73	65	
9	2021008	高二(1)	女	1.69	62	
10	2021009	高二(1)	男	1.77	60	

图 18.1　BMI.csv 内容示意图

请编写程序,完成如下功能:

- 读取文件"BMI.csv"中的信息,计算出每个学生的 BMI(Body Mass Index,身体质量指数),并将结果保存在 BMI.csv 文件中。
- 统计学生身体质量指数 BMI,输出各种情况学生 BMI 所占的百分比。

BMI 计算方法:

BMI＝体重/身高^2　　(体重单位:千克　身高单位:米)

BMI<18,低体重

18≤BMI≤25 正常体重

25<BMI≤27 超重体重

BMI≥27 肥胖

【输出样例】

Python 学校学生身体质量指数情况统计如下:

低体重人数百分比:8.0%

正常体重人数百分比:90.0%

超重体重人数百分比：2.0%

肥胖人数百分比：0.0%

已经计算成功所有学生的 BMI，并成功写入文件 BMI.csv 中！

【提示】读取文件时，如果在开始位置输出结果出现\nufeff，那么将编码方式改为"encoding＝'utf-8-sig'"即可。

3. 挑战自我

模拟机动车驾驶人考试科目一练习

　　机动车驾驶人考试内容中，道路交通安全法律、法规和相关知识考试科目简称科目一。假设机动车驾驶人考试科目一的若干选择题已经保存在 problems.csv 文件中，每个选择题包括 1 个题干、1 个参考答案和 4 个选项。请编写程序，从文件 problems.csv 中随机选择 10 道题（每道题 10 分）提供给学习者，学习者输入自己的答案（不区分字母大小写），程序进行判断，统计并输出用户的最后得分。如果得分小于 90 分，则输出"模拟练习没有过关，请继续练习！"，用户继续答题，直到分数大于或等于 90 分为止。如果成绩大于或等于 90 分，则输出"恭喜科目一模拟练习过关，您可以申请参加科目一考试了！"。

【输入输出样例】（其中斜体加下画线表示输入数据）

机动车驾驶人考试科目一模拟练习系统！

1. 机动车行驶超过规定时速50%，将被公安机关交通管理部门依法处以何种处罚？

　　A. 记 2 分　　　　　B. 记 3 分　　　　　C. 记 6 分　　　　　D. 记 12 分

请输入您的选择：*c*

您的答案为：C，正确答案为：D

2. 驾驶证记载的驾驶人信息发生变化的要在多长时间内申请换证？

　　A. 60 日　　　　　B. 50 日　　　　　C. 40 日　　　　　D. 30 日

请输入您的选择：*d*

您的答案为：D，正确答案为：D

3. 在堵车的交叉路口绿灯亮时，车辆应怎样做？

　　A. 可直接驶入交叉路口　　　　　B. 不能驶入交叉路口

　　C. 在保证安全的情况下驶入交叉路口　D. 可借对向车道通过路口

请输入您的选择：*b*

您的答案为：B，正确答案为：B

4. 驾驶机动车时接打电话容易引发事故，以下原因错误的是什么？

　　A. 单手握方向盘，对机动车控制力下降

　　B. 驾驶人注意力不集中，不能及时判断危险

　　C. 电话的信号会对汽车电子设备的运行造成干扰

　　D. 驾驶人对路况观察不到位，容易导致操作失误

请输入您的选择：*a*

您的答案为：A，正确答案为：C

5. 山区道路车辆进入弯道前，在对面没有来车的情况下，应怎样做？

　　A. 应该"减速、鸣喇叭、靠右行"　　　B. 可靠弯道外侧行驶

　　　　C. 可短时间借用对方的车道　　　　　D. 可加速沿弯道切线方向通过

请输入您的选择：*a*

您的答案为：A，正确答案为：A

6. 在大暴雨的天气驾车，刮水器无法正常工作时，应怎样做？

　　　　A. 立即减速行驶　　　　　　　　　B. 提高注意力谨慎驾驶

　　　　C. 立即减速靠边停车　　　　　　　D. 保持正常速度行驶

请输入您的选择：*c*

您的答案为：C，正确答案为：C

7. 机动车在道路上变更车道需要注意什么？

　　　　A. 尽快加速驶入左侧车道　　　　　B. 不能影响其他车辆正常行驶

　　　　C. 进入左侧车道时适当减速　　　　D. 开启转向灯迅速向左转向

请输入您的选择：*b*

您的答案为：B，正确答案为：B

8. 机动车在道路边临时停车时，应怎样做？

　　　　A. 可逆向停放　　　　　　　　　　B. 可并列停放

　　　　C. 不得逆向或并列停放　　　　　　D. 只要出去方便，可随意停放

请输入您的选择：*c*

您的答案为：C，正确答案为：C

9. 机动车在高速公路上发生故障或事故时，车上人员应当迅速转移到哪里？

　　　　A. 故障或事故车前　　　　　　　　B. 故障或事故车后

　　　　C. 右侧路肩或应急车道内　　　　　D. 中央隔离带

请输入您的选择：*c*

您的答案为：C，正确答案为：C

10. 车辆驶入双向行驶隧道前，应开启什么灯？

　　　　A. 危险报警闪光灯　　　　　　　　B. 远光灯

　　　　C. 雾灯　　　　　　　　　　　　　D. 示廓灯或近光灯

请输入您的选择：*s*

输入格式有误！

请输入您的选择：*d*

您的答案为：D，正确答案为：D

您的本次练习成绩为：80

本次模拟练习没有过关，请继续练习！

驾照考试科目一模拟练习系统！

11. 机动车在道路边临时停车时，应怎样做？

　　　　A. 可逆向停放　　　　　　　　　　B. 可并列停放

　　　　C. 不得逆向或并列停放　　　　　　D. 只要出去方便，可随意停放

请输入您的选择：

实验 19

文件与目录操作

一、实验目的

（1）掌握用 os 和 os.path 模块实现文件和目录的操作。
（2）掌握 shutil 高级文件操作模块。
（3）了解文件的压缩与解压缩。

二、知识导图

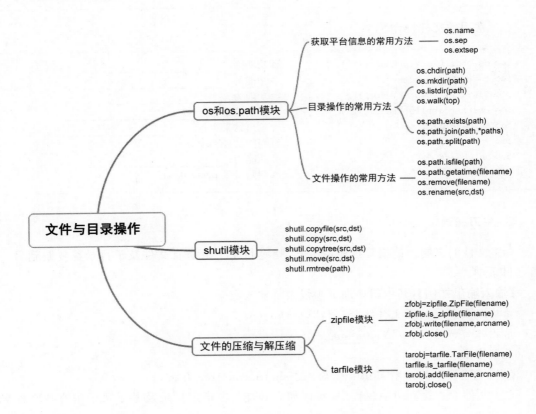

三、实验内容

1. 照猫画虎

在 IDLE Shell 的命令提示符后面依次输入下面语句,将语句功能或输出结果或相应的代码填写在横线处。

(1) 获取平台信息。

```
>>> import os          # 功能为：_____
>>> os.name            # 输出结果为：_____
>>> os.sep             # 输出结果为：_____
>>> os.extsep          # 输出结果为：_____
```

(2) 常用的目录操作。

```
>>> _____   # 在 D 盘根目录建立名为 python 的目录
>>> os.chdir("d:\\python")  # 功能为：_____
>>> os.listdir()       # 功能为：_____
>>> _____   # 将当前目录修改为 D 盘根目录
>>> _____   # 将目录 python 修改为 pythontest
```

(3) 常用的文件操作。

```
>>> os.chdir("d:\\pythontest")    # 功能为：_____
>>> f = open("test.txt","w")      # 功能为：_____
>>> f.write("this is a test!")    # 功能为：_____
>>> os.path.isfile("test.txt")    # 输出结果为：_____
>>> os.path.getsize("test.txt")   # 输出结果为：_____
>>>                               # 删除文件 test.txt
>>> os.chdir("d:")                # 功能为：_____
>>>                               # 删除目录 pythontest
```

2. 牛刀初试

(1) 文件的复制。请编写程序,把一个指定目录下的所有文件及子目录都复制到另一指定目录中。

【输入输出样例】(其中斜体加下画线表示输入数据)

请输入要复制的源文件路径：*d:\\pythontest*

请输入目标路径：*d:\\python*

复制完成

【提示】建议不要调用 shutil 模块中的 shutil.copytree 方法。

(2) 文件的查找。请编写程序,实现如下功能：在指定目录及其子目录中查找文件名中包含指定内容的文件,并输出该文件的详细信息,包括文件名称、文件类型、文件大小、文件创建日期、文件最新修改时间等。

【输入输出样例】(其中斜体加下画线表示输入数据)

请输入要查找的目录路径：*d:\\pythontest*

请输入要查找的文件名：*.pdf*

文件名称：d:\\pythontest\python 程序设计参考教学大纲(2018CDIO 版).pdf

文件类型：pdf

文件大小：216kb

文件创建时间：Wed Feb 9 10:53:29 2022

文件的最新修改时间：Mon Aug 27 17:18:08 2018

文件名称：d:\\pythontest\ 实训教程编写\ 代码\chp19\python\python 程序设计参考教学大纲(2018CDIO 版).pdf

文件类型：pdf

文件大小：216kb

文件创建时间：Wed Feb 9 15:23:07 2022

文件的最新修改时间：Wed Feb 9 11:12:07 2022

文件名称：d:\\pythontest\ 实训教程编写\第十届蓝桥杯大赛青少年创意编程 Python 组省赛－90318.pdf

文件类型：pdf

文件大小：728kb

文件创建时间：Wed Feb 9 15:22:54 2022

文件的最新修改时间：Tue Jan 11 09:14:51 2022

查找完成

【提示】运行结果由所用计算机相应路径下的实际内容决定。

(3) 文件的删除。请编写程序,将指定目录下指定的文件删除。

【输入输出样例】(其中斜体加下画线表示输入数据)

请输入指定的目录路径：*d:\\pythontest*

请输入要删除的文件名：*.pdf*

文件名称：d:\\pythontest\ 全国计算机基础教育研究会.pdf

确实要删除该文件吗(Y/N)？*Y*

全国计算机基础教育研究会.pdf 已经被删除！

文件名称：d:\\pythontest\ 实训教程编写\第十届蓝桥杯大赛青少年创意编程 Python 组省赛-90318.pdf

确实要删除该文件吗(Y/N)？*N*

运行结束！

3. 挑战自我

批量修改文件名

请编写程序,对于指定目录下指定扩展名的文件,按照指定的命名方式,批量修改文

视频 19

件名。

【输入输出样例】(其中斜体加下画线表示输入数据)

请输入要批量修改的文件目录：*d:\\python*

请输入要批量修改的文件扩展名：*py*

找到如下 *.py 文件：

Equation.py

Retangle.py

SingleLinkedList.py

Student.py

==============================

您确定要对这些文件批量重命名吗(Y/N)？*Y*

请输入文件前缀：*python*

请输入重命名后的文件所在目录：*d:\\python*

　　　Equation.py 重命名为：python001.py

　　　Retangle.py 重命名为：python002.py

SingleLinkedList.py 重命名为：python003.py

　　　Student.py 重命名为：python004.py

运行结束！

【提示】运行结果由所用计算机相应路径下的实际内容决定。

实验 20

常见异常和处理

一、实验目的

(1) 理解异常的概念，了解 Python 异常类的层次结构。
(2) 理解 try...except...finally 异常处理结构。
(3) 掌握用异常处理结构来解决实际问题的方法。
(4) 掌握自定义异常类的定义和使用。

二、知识导图

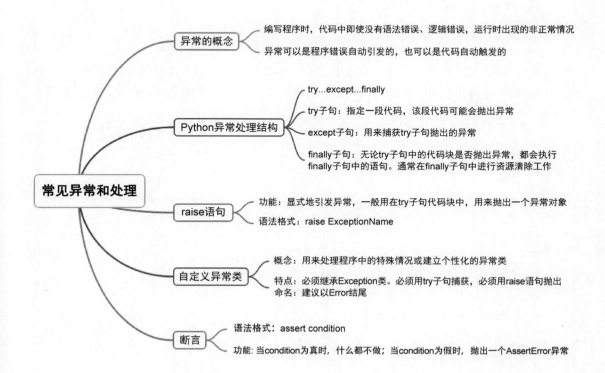

三、实验内容

1. 照猫画虎

(1) 请根据提示,将下面的程序补充完整。

```
try:
    a = int(input("请输入被除数:"))
    b = int(input("请输入除数:"))
    result = a/b
    print(result)
# 请捕获除零异常 ZeroDivisionError


    print("发生了异常:{}".format(zd.args))
# 如果输入的被除数或者除数不是数字,会引发 ValueError
# 请捕获 ValueError


    print("发生了异常:{}".format(ValueError.__doc__))
except:
    print("其他异常!")
else:
    print("没有发生异常!")
finally:
    print("请注意,除数不能为 0!")
```

(2) 下面的程序创建了一个自定义异常类 AgeError 类。如果孩子的年龄不到 6 岁,则抛出 AgeError,输出"您的孩子还不到上小学的年龄!"。请根据提示,将程序补充完整。

```
# 请定义异常类 AgeError.




# 测试代码
try:
    age = int(input("输入孩子的年龄:"))
    # 判断年龄
    if age < 6:
    # 请抛出 AgeError 自定义异常对象


    if age == 6:
```

```
    print("欢迎报名上小学!")
except AgeError as e:
    print(e)
```

2. 牛刀初试

（1）管理联系人记录文件的异常处理。对实验17"牛刀初试"中的第（3）题：管理联系人记录文件，用异常处理机制处理可能出现的异常。

【输入输出样例】（其中斜体加下画线表示输入数据）

联系人管理系统

1．浏览联系人

2．添加联系人

3．删除联系人

其他:退出

请输入你的选择：*1*

［Errno 2］No such file or directory：'addresslist.txt'

联系人管理系统

1．浏览联系人

2．添加联系人

3．删除联系人

其他:退出

请输入你的选择：

（2）自定义异常类 TriangleError。创建一个自定义异常类 TriangleError 类，如果三角形的任意一条边的边长为负数，则抛出 ValueError 异常，输出"三角形的边长必须为正数！"。如果三角形的 3 条边不满足任意两边之和大于第三边的条件，则抛出 TriangleError 类的对象，输出"注意：三角形任意两边之和必须大于第三边！"。如果输入的三角形的边长能够构成一个三角形，则输出三角形的面积。三角形面积计算公式采用实验 2"挑战自我"第（4）题给出的海伦公式即可。（结果保留 2 位小数）

【输入输出样例 1】（其中斜体加下画线表示输入数据）

请输入三角形的三条边 a,b,c 的长度：（用逗号分隔）*1,2,3*

注意：三角形任意两边之和必须大于第三边！

【输入输出样例 2】（其中斜体加下画线表示输入数据）

请输入三角形的三条边 a,b,c 的长度：（用逗号分隔）*−1,1,1*

三角形的边长必须为正数！

【输入输出样例 3】（其中斜体加下画线表示输入数据）

请输入三角形的三条边 a,b,c 的长度：（用逗号分隔）*3,4,5*

三角形面积为:6.00

（3）算术运算的异常处理。Python 中常见的算术运算有＋、－、＊、／、％、／／和＊＊等。请设计一个算术运算器，注意用异常处理机制处理可能出现的异常，如除数不能为零、参与运算的必须是数值等。

【输入输出样例】(其中斜体加下画线表示输入数据)

请输入一个算术计算式:*2/3*

2/3＝0.6666666666666666

请输入一个算术计算式:*2＋3*

2＋3＝5

请输入一个算术计算式:*2/0*

注意:除数不能为零!

请输入一个算术计算式:*2//0*

注意:除数不能为零!

请输入一个算术计算式:*2%2*

2%2＝0

请输入一个算术计算式:*2 * 3*

2 * 3＝6

请输入一个算术计算式:*2 ** 3*

2 ** 3＝8

请输入一个算术计算式:*2//3*

2//3＝0

请输入一个算术计算式:*a＋3*

输入的必须是数值!

cannot unpack non－iterable NoneType object

请输入一个算术计算式:

视频 20

3. 挑战自我

银行 ATM 机模拟

编写一个银行 ATM 机模拟程序,模拟用户取款、存款、转账、余额查询等功能。假设所有银行账户的信息已经存储在 csv 文件 account.csv 中,一个银行账户包括账号、姓名、存款余额、密码等。要求用异常处理机制处理可能出现的异常,如:取款金额大于余额、存款金额小于或等于 0、文件操作异常、输入数据异常等。

程序运行时,首先提示输入银行卡号,然后提示输入用户密码,最多输入密码 3 次。如果密码正确,则出现如下主菜单:

```
===========================
        *** 银行欢迎你!
===========================
1:查询余额          2:取款
3:存款              4:转账
5:打印              0:退出
```

用户可根据主菜单提示进行相应的操作。

【输入输出样例】（其中斜体加下画线表示输入数据）

```
================
*** 银行欢迎你！
================
请输入账号和密码：
请输入账号：1001
请输入密码：111111
================
欢迎你,gxh
==========================
        *** 银行欢迎你！
==========================
1:查询余额        2:取款
3:存款            4:转账
5:打印            0:退出
请输入您要进行的业务：1
您的账户余额为：1400
==========================
        *** 银行欢迎你！
==========================
1:查询余额        2:取款
3:存款            4:转账
5:打印            0:退出
请输入您要进行的业务：2
请输入您要取出的金额：100
您成功取出 100 元,您当前的余额为：1300
==========================
        *** 银行欢迎你！
==========================
1:查询余额        2:取款
3:存款            4:转账
5:打印            0:退出
请输入您要进行的业务：3
请输入您要存入的金额：200
您成功存入 200 元,您当前的余额为：1500
==========================
        *** 银行欢迎你！
==========================
1:查询余额        2:取款
```

```
3:存款                4:转账
5:打印                0:退出
请输入您要进行的业务：4
请输入您要转入的账户账号：1002
请输入您要转账的钱数：100
您成功取出 100 元,您当前的余额为：1400
您成功向账号 1002 转入 100 元,您的账户余额为：1400
================================
        *** 银行欢迎你!
================================
1:查询余额            2:取款
3:存款                4:转账
5:打印                0:退出
请输入您要进行的业务：5
取出 100 元!
存入 200 元!
取出 100 元!
向账号 1002 转入 100 元!
您的账户余额为：1400
================================
        *** 银行欢迎你!
================================
1:查询余额            2:取款
3:存款                4:转账
5:打印                0:退出
请输入您要进行的业务：0
欢迎下次光临!
========================
        *** 银行欢迎你!
========================
请输入账号和密码：
请输入账号：
```

第 2 部分

实 训 篇

实训 1

Python网络爬虫——中国大学 MOOC网课程数据爬取及分析系统

一、系统介绍

1.1 系统功能

本系统从中国大学 MOOC 网上爬取学校和课程的有关数据,并保存到 MySQL 数据库中,之后对课程数据进行分析及可视化,可以方便地了解各个大学的上线课程情况。本系统主要有 3 个模块,如图 E1.1 所示。

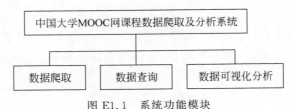

图 E1.1 系统功能模块

1.2 系统开发环境

1. 软件版本

- 操作系统:Windows 7
- Python 3.7
- PyCharm 2021.3
- MySQL 8.0.28-winx64
- Navicat 11.1.13(64-bit)

2. 需要安装的模块

- PySide2
- pymysql

- requests
- lxml
- re
- time
- wordcloud
- matplotlib

1.3　系统设计步骤

系统按照以下步骤进行设计。

1. 数据库设计

首先安装 MySQL 数据库,然后再安装用于管理 MySQL 数据库的 Navicat for MySQL,最后在 Navicat for MySQL 中创建系统需要的数据库表。

2. 界面设计

首先下载、安装 PySide2,然后在 PyCharm 中配置 PySide2 的开发环境。之后使用 Qt Designer 分别设计本系统中用到的 4 个窗体界面,再使用 PyUIC 转换工具,把窗体文件.ui 转换为.py 文件。

3. 网络爬虫

安装 requests、lxml、re、time 库。首先使用 requests 库从中国大学 MOOC 网爬取学校和课程数据,然后使用 lxml、re 库解析数据,最后把数据保存到 MySQL 数据库中。

4. 数据查询

连接 MySQL 数据库,根据输入或指定的查询条件,从数据库表中查询数据,并把查询结果显示到数据查询界面的控件里。

5. 数据可视化

安装 wordcloud 和 matplotlib 库。采用词云和柱状图对分析处理后的数据进行可视化。

1.4　系统工程文件

在 PyCharm 开发环境中新建一个工程,工程位置路径设置为"F:\中国大学 MOOC 课程数据爬取及分析系统",在系统开发完成后,工程文件夹下共有 4 类 18 个文件,如图 E1.2 所示。

名称	类型	大小
.idea	文件夹	
__pycache__	文件夹	
background.jpg	JPEG 图像	43 KB
top.jpg	JPEG 图像	9 KB
crawldata.py	PY 文件	13 KB
crawlwindow.py	PY 文件	6 KB
db_conn.py	PY 文件	1 KB
image_rc.py	PY 文件	165 KB
main.py	PY 文件	1 KB
mainwindow.py	PY 文件	5 KB
querydata.py	PY 文件	5 KB
querywindow.py	PY 文件	8 KB
tab_model.py	PY 文件	2 KB
visualdata.py	PY 文件	11 KB
visualwindow.py	PY 文件	8 KB
image.qrc	QRC 文件	1 KB
crawlwindow.ui	UI 文件	5 KB
mainwindow.ui	UI 文件	4 KB
querywindow.ui	UI 文件	7 KB
visualwindow.ui	UI 文件	6 KB

图 E1.2　系统工程文件

二、数据库设计

MySQL 是一个关系型数据库管理系统,由瑞典 MySQL AB 公司开发,目前属于 Oracle 旗下公司。由于其具有体积小、速度快、成本低、开放源代码等特点,故本系统把爬取的数据存储到 MySQL 数据库中,以便后续对数据进行分析处理。在使用 MySQL 数据库之前,需要安装 MySQL,为了使用图形界面的方式管理、开发和维护 MySQL 数据库,需要再安装 Navicat for MySQL。

2.1　安装 MySQL

MySQL 分为 MySQL Community Server(社区)版和 MySQL Enterprise Edition(企业)版,MySQL Community Server 是开源免费的,MySQL Enterprise Edition 需付费使用,但可以试用 30 天。本系统采用 MySQL Community Server,从 https://dev. mysql. com/downloads/mysql/官网下载安装包,如图 E1.3 所示。

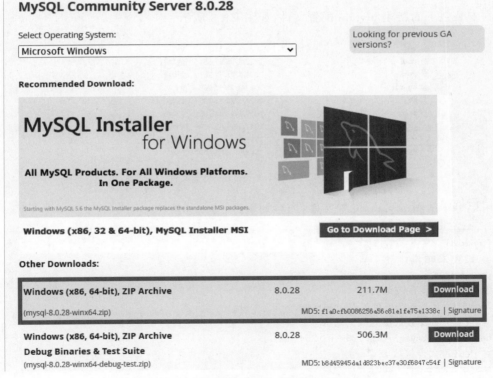

图 E1.3　下载 MySQL 安装包页面

单击 Download 按钮后,不需要注册登录,单击 No thanks,just start my download 按钮,即可下载安装包。

解压安装包到指定目录"F:\mysql-8.0.28-winx64",然后配置环境变量,右击"计算机",选择"属性"→"高级系统设置"→"环境变量"命令,把"; F:\mysql-8.0.28-winx64\

bin"添加到变量 Path 中,如图 E1.4 所示。

图 E1.4 配置环境变量

在安装包下面新建 my.ini 配置文件,如图 E1.5 所示。

图 E1.5 新建 my.ini 配置文件

用记事本编辑 my.ini 配置文件,内容如下:

```
[mysqld]
# 设置 3306 端口
port = 3306
# 设置 mysql 的安装目录
basedir = F:\mysql - 8.0.28 - winx64
# 设置 mysql 数据库的数据的存放目录
datadir = F:\mysql - 8.0.28 - winx64\data
# 允许最大连接数
max_connections = 200
# 允许连接失败的次数,这是为了防止有人从该主机试图攻击数据库系统
max_connect_errors = 10
# 服务端使用的字符集默认为 UTF8
character - set - server = utf8
# 创建新表时将使用的默认存储引擎
default - storage - engine = INNODB
```

```
# 默认使用"mysql_native_password"插件认证
default_authentication_plugin = mysql_native_password
[mysql]
# 设置 mysql 客户端默认字符集
default - character - set = utf8
[client]
# 设置 mysql 客户端连接服务端时默认使用的端口
port = 3306
```

以管理员身份运行 cmd，在命令提示符后面输入：

cd F:\mysql - 8.0.28 - winx64\bin

进入 MySQL 安装包下的 bin 目录，然后输入：

mysqld - - instal

安装 MySQL，如图 E1.6 所示。

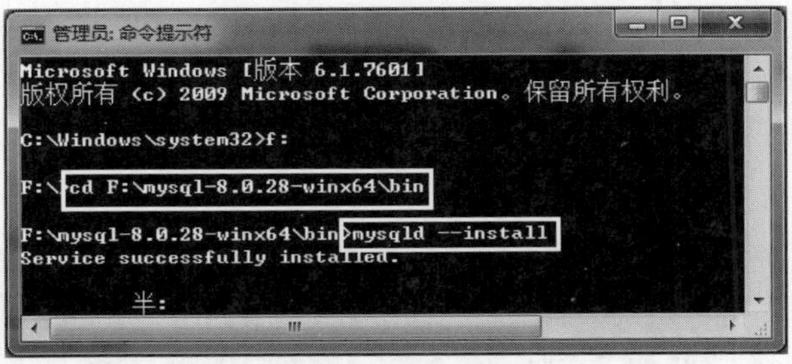

图 E1.6　安装 MySQL

输入：mysqld--initialize--console，查看安装初始化信息，其中包括初始化密码"ue-!dQqFp6mg"，如图 E1.7 所示。

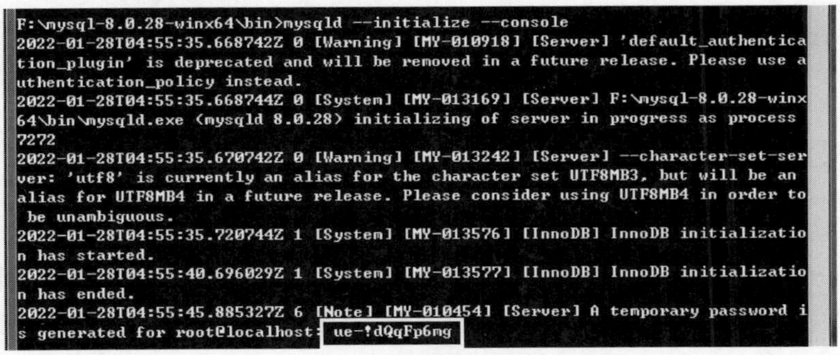

图 E1.7　查看安装初始化信息

输入：net start mysql，启动 MySQL 服务，如图 E1.8 所示。

图 E1.8　启动 MySQL 服务

输入：mysql. exe-hlocalhost-P3306-uroot-p,然后输入初始密码"ue-!dQqFp6mg",进入 MySQL,如图 E1.9 所示。

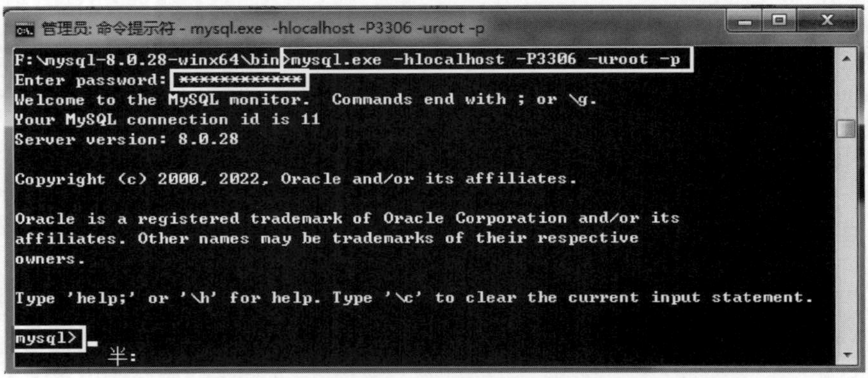

图 E1.9 进入 MySQL

输入"ALTER user 'root'@'localhost' IDENTIFIED BY 'root';",执行命令后,显示 "Query OK"时,说明密码重置成功,如图 E1. 10 所示。这时已经把 root 用户的初始密码 "ue-!dQqFp6mg"修改成了"root",也可以把 root 换成其他密码。注意：命令最后面的分号 不能省略,这是命令结束的标志,否则 MySQL 不会执行该命令。此时,便可以使用 MySQL 功能了。

图 E1.10 重置密码

输入：exit,退出 MySQL。

输入：net stop mysql,停止 MySQL 服务。

2.2 安装 Navicat for MySQL

在终端执行 MySQL 命令可以完成数据库的操作,但有很多不方便的地方,比如语句没 有高亮、没有任何提示、格式不美观、容易出现错误等,可以使用 GUI 工具来管理 MySQL 数据库,常见的管理 MySQL 的 GUI 工具有 Navicat(收费)、SQLYog(免费)、TablePlus(常 用功能都可以使用,但有一些限制)。由于 Navicat 是一款功能强大的 MySQL 数据库管理 和开发工具,因此本系统采用 Navicat for MySQL。

在浏览器地址栏中输入 https://www.navicat.com.cn/products,打开 Navicat 中文官 方网站的相关产品页面,选择下载的版本 Navicat 16 for MySQL,单击"免费试用"按钮,下 载 14 天免费的全功能 Navicat 试用版,如图 E1.11 所示。根据需要选择操作系统,在本书 操作系统使用 Windows 7,因此下载 64 bit Navicat for MySQL 安装包。

图 E1.11 下载 Navicat for MySQL 安装包

下载完成后,双击 navicat160_premium_cs_x64.exe 可执行文件,按照提示步骤进行安装,在安装过程中可以选择安装路径,也可以选择是否创建桌面图标。

2.3 创建数据库和表

使用 Navicat for MySQL 创建数据库和表的步骤如下:

(1)新建一个 MySQL 连接。打开 Navicat for MySQL,单击"连接"按钮,然后选择 MySQL,创建一个连接,如图 E1.12 所示。

图 E1.12 创建 MySQL 连接

在新建连接窗体中,输入连接名 MOOC,然后输入 MySQL 中 root 用户的密码 root,单击"连接测试"按钮检查数据库连接是否成功,当出现"连接成功"提示框时,表明连接成功,单击"确定"按钮,完成新建连接的创建,如图 E1.13 所示。

(2)新建一个数据库。在连接名 MOOC 上右击,在弹出的快捷菜单中单击"新建数据库"命令。在"新建数据库"窗体中,输入数据库名 mooc,字符集选择"utf8--UTF-8 Unicode",排序规则选择 utf8_general_ci, utf8_general_ci 不区分字母大小写,utf8_general_cs 区分字母大小写,如图 E1.14 所示。

双击 mooc,打开数据库,单击"新建表",如图 E1.15 所示。

创建一个名为 school 的表,该表用于记录爬取到的学校数据,表结构如表 E1.1 所示。

表 E1.1 school 表

字段名称	数据类型	字段大小	允许空	说明
schoolID	varchar	10	否	学校 ID
schoolName	varchar	100	是	学校名称
schoolSN	varchar	100	是	学校英文缩写
schoolURL	varchar	150	是	学校课程链接
courseTotleCount	int	0	是	学校上线课程数

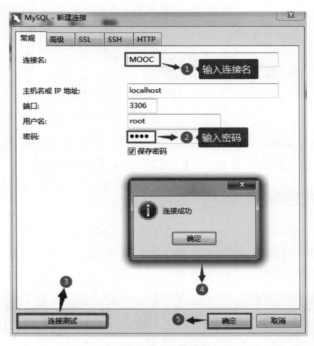

图 E1.13　新建连接

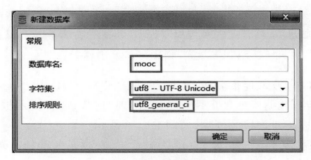

图 E1.14　新建数据库

图 E1.15　新建表

用同样的方法,创建一个名为course的表,该表用于记录爬取到的课程数据,表结构如表E1.2所示。

表 E1.2 course 表

字段名称	数据类型	字段大小	允许空	说明
courseID	varchar	50	否	课程 ID
courseName	varchar	255	是	课程名称
schoolName	varchar	100	是	开课学校
teacherName	varchar	100	是	授课教师
startTime	varchar	50	是	开课时间
endTime	varchar	50	是	结束时间
enrollCount	int	0	是	课程参加人数
evaluateMark	varchar	100	是	课程评价分数
evaluateCount	int	0	是	课程评价人数

2.4 建立数据库连接

在 Python 程序中为了存取 MySQL 数据库中的数据,需要与数据库建立连接。为了增加代码的重用性,可以将连接数据库的相关代码保存到一个 Python 文件中。本系统在当前工程中,新建一个名为 db_conn.py 的文件,用于保存数据库连接代码,代码如下:

```
1   import pymysql
2   class DbConn():
3       def open_conn(self):
4           # 建立连接
5           conn = pymysql.connect(
6               host = 'localhost',  # 服务器 ip 地址
7               port = 3306,  # 端口号
8               db = 'MOOC',  # 数据库名字
9               user = 'root',  # 数据库用户名
10              passwd = 'root',  # 数据库密码
11              charset = 'utf8mb4'  # mysql 中 utf8 不能存储 4 个字节的字符,此处与数据库中字符
12  串编码类型都必须为 utf8mb4
13          )
14          # 创建游标
15          cursor = conn.cursor()
16          return conn,cursor
17      # 关闭连接
18      def close_conn(self,conn,cursor):
19          if cursor:
20              cursor.close()
21          if conn:
22              conn.close()
```

三、主界面设计和实现

3.1 Python 中常用的 GUI 库

Python 支持多种用于开发图形用户界面的第三方库,主要有以下流行的库。

1. tkinter

tkinter 是 Python 的标准 GUI 库,已经内置到 Python 的安装包中,用户安装好 Python 之后就能使用 import tkinter 导入 tkinter 库(如果是 Python2. x 版本,则需要使用 import Tkinter)。

Python 使用 tkinter 可以快速开发小型 GUI 应用程序,且能在 Linux、UNIX、Windows 和 Macintosh 等操作系统中跨平台运行。Python 自带的 IDLE 也是用 tkinter 开发的。

2. wxPython

wxPython 是一款开源软件,是 Python 语言的一套优秀的 GUI 图形库,允许 Python 程序员很方便地创建完整的、功能健全的 GUI 用户界面,适用于大型应用程序开发。在 Windows 系统中,使用前需要输入命令"pip install-u wxPython"安装 wxPython。

3. Kivy

Kivy 是一个很优秀的开源工具包,具有处理多点触控的功能。Kivy 不仅支持 Linux、UNIX、Windows 和 Macintosh 等操作系统的应用程序开发,而且可以快速开发基于 Android 和 iOS 的移动应用程序。Kivy 非常适合开发游戏。

4. Flexx

Flexx 是用 Python 创建的库,支持跨平台的应用程序开发,可以用来创建桌面应用程序,同时也可以导出一个应用到独立的 HTML 文档。只要有 Python 和浏览器就可以运行。

5. PyQt

Qt 是一个使用 C++开发的跨平台 GUI 应用程序开发框架,是最强大的 GUI 库之一,具有 300 多个类库和 5700 多个函数和方法,适合于大型应用程序开发。

PyQt 是一个创建 GUI 应用程序的工具包,它是 Python 和 Qt 库的成功融合,采用双许可证,开发人员可以选择 GPL 和商业许可。

6. PySide

PySide 由 Qt 的官方团队 Nokia Qt 进行维护,是 Qt 的 Python 绑定版本,提供和 PyQt 类似的功能,但与 PyQt 不同的是,PySide 拥有 LGPL 2.1 版授权许可,允许进行开源软件和私有商业软件的开发。

每个库都有其特点,可以根据应用场景选择合适的库。本书使用 PySide 库开发图形用户界面。

3.2 安装 PySide2

2009 年 8 月,PySide 首次发布,在 Qt 公司和 Qt 社区开发者的共同努力下,于 2018 年 6 月正式发布了 PySide2 的第一个版本。

1. 下载 PySide2

可以根据 Python 的版本和操作系统到官网下载 PySide2,官网地址如下:

http://download. qt. io/official_releases/QtForPython/pyside2/

本系统是基于 Windows 7 操作系统和 Python 3.7 开发的,所以下载以下两个文件:

shiboken2-5. 15. 1-5. 15. 1-cp35. cp36. cp37. cp38. cp39-none-win_amd64. whl

PySide2-5. 15. 1-5. 15. 1-cp35. cp36. cp37. cp38. cp39-none-win_amd64. whl

cp35. cp36. cp37. cp38. cp39 表示支持 Python 3.5、Python 3.6、Python 3.7、Python 3.8、Python 3.9。也可以到清华大学开源软件镜像站:

https://mirrors. tuna. tsinghua. edu. cn/qt/official_releases/QtForPython/pyside2/

下载以下文件:

PySide2-5. 14. 2. 3-5. 14. 2-cp35. cp36. cp37. cp38-none-win_amd64. whl

2. 安装 PySide2

在命令行窗口中输入:

pip install PySide2-5. 14. 2. 3-5. 14. 2-cp35. cp36. cp37. cp38-none-win_amd64. whl

C:\Users\pan 是 PySide2-5. 14. 2. 3-5. 14. 2-cp35. cp36. cp37. cp38-none-win_amd64. whl 安装软件所在的路径,如图 E1.16 所示。

图 E1.16 安装 PySide2

3. 测试 PySide2 是否安装成功

新建一个 test. py 文件,用记事本编写如下代码,在命令行窗口中输入 python test. py。若出现如图 E1.17 所示的窗体,则说明 PySide2 已安装成功。

图 E1.17 测试代码运行窗体

```
1    import sys
2    import os
3    import PySide2
4    dirname = os.path.dirname(PySide2.__file__)
5    plugin_path = os.path.join(dirname, 'plugins', 'platforms')
6    os.environ['QT_QPA_PLATFORM_PLUGIN_PATH'] = plugin_path
7    from PySide2.QtWidgets import (QApplication, QLabel, QPushButton,
8                                    QVBoxLayout, QWidget)
9    from PySide2.QtCore import Slot, Qt
10   class MyWidget(QWidget):
11       def __init__(self):
12           QWidget.__init__(self)
13           self.text = QLabel("Hello World")
14           self.text.setAlignment(Qt.AlignCenter)
15           self.layout = QVBoxLayout()
16           self.layout.addWidget(self.text)
17           self.setLayout(self.layout)
18   if __name__ == "__main__":
19       app = QApplication(sys.argv)
20       widget = MyWidget()
21       widget.resize(200, 150)
22       widget.show()
23       sys.exit(app.exec_())
```

3.3　配置 PyCharm 开发环境

安装完成 Python、PyCharm 和 PySide2 后,打开 PyCharm 开发工具,选择 File→Settings 命令,打开设置窗口。在设置窗口中展开 Tools,选择 External Tools 选项,在右侧单击添加按钮"+",在弹出的窗口中添加 Qt Designer 和 PyUIC 工具,如图 E1.18 所示。

1. 添加 Qt Designer

在 Edit Tool 窗口中,在 Name 对应的文本框中输入工具名称 QtDesigner;在 Program 对应的文本框中填写 designer.exe 路径"F:\Anaconda3\Lib\site-packages\PySide2\designer.exe",也可以通过单击图标 📁 打开资源管理器搜索 designer.exe 的路径;在 Working directory 对应的文本框中填写项目文件目录"$ProjectFileDir$",单击 OK 按钮完成添加,如图 E1.18 所示。

2. 添加 PyUIC

由于使用 Qt Designer 创建的窗体文件扩展名是.ui,需要转换为扩展名是.py 的文件才能在 Python 中运行,所以需要在 PyCharm 中配置转换工具 PyUIC。

在设置窗口中单击添加按钮"+",在弹出的 Edit Tool 窗口中添加.ui 文件转换为.py 文件的工具。在 Name 对应的文本框中输入工具名称 PyUIC;在 Program 对应的文本框中填写转换工具 pyside2-uic.exe 所在的路径"F:\Anaconda3\Scripts\pyside2-uic.exe",

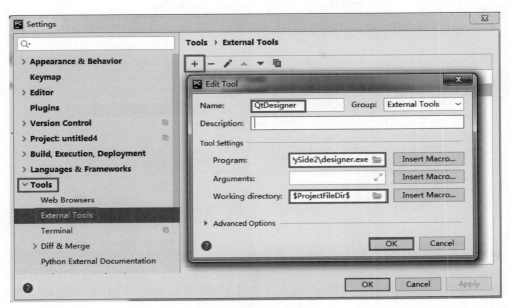

图 E1.18　添加 Designer 工具

pyside2-uic.exe 一般在 Python 安装目录下的 Scripts 文件夹中，也可以单击图标 打开资源管理器搜索 pyside2-uic.exe 的路径；在 Arguments 对应的文本框中填写将.ui 文件转换为.py 文件的 Python 代码"＄FileName＄ -o ＄FileNameWithoutExtension＄.py"；在 Working directory 对应的文本框中填写文件目录"＄FileDir＄"，单击 OK 按钮完成添加，如图 E1.19 所示。

图 E1.19　添加将.ui 文件转换为.py 文件的工具

3.4 使用 Qt Designer 设计 GUI

运行 PyCharm,依次选择 Tools→External Tools→QtDesigner 命令,如图 E1.20 所示。

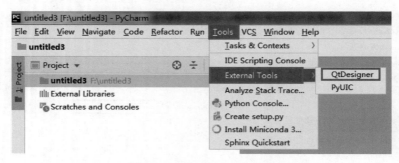

图 E1.20　打开 Qt Designer

在新建窗体中,选择窗体模板,共有 5 个窗体模板,本系统选择 Main Window,然后单击"创建"按钮,如图 E1.21 所示。

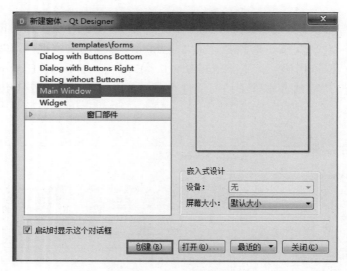

图 E1.21　选择主窗体模板

创建窗体后,即可打开 Qt Designer 设计界面,如图 E1.22 所示。①是控件工具箱,提供 GUI 界面设计时使用的各种基本控件,共有八大类;②是主窗体,可以将控件工具箱中的容器和控件直接拖曳到该区域,达到所见即所得的效果;③是对象查看器,在该区域中列出了主窗体中放置的所有容器和控件对象,可在此处修改对象的名称;④是属性编辑器,可在此处设置当前选中对象的属性值。

3.5 系统主界面设计和实现

主界面设计完成后,会生成 mainwindow.ui、mainwindow.py 和 main.py 三个文件。

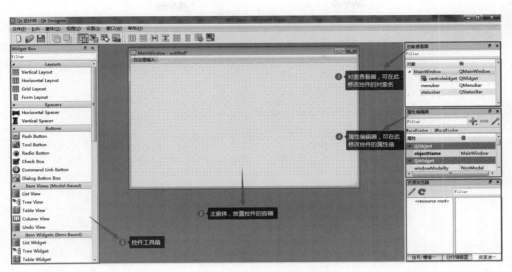

图 E1.22　Qt Designer 设计界面

1. mainwindow.ui 文件的生成

使用 Qt Designer 设计如图 E1.23 所示的系统主界面。

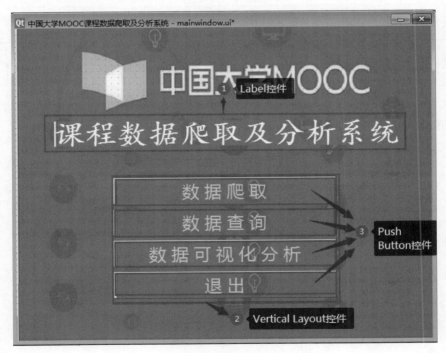

图 E1.23　系统主界面

在主窗体上添加 1 个 Label 控件和 1 个 VerticalLayout 垂直布局容器控件,将 4 个 Push Button 控件拖曳到 VerticalLayout 容器中,对象名称和属性设置如表 E1.3 所示。

表 E1.3   主窗体容器与控件

对 象 名 称	属 性	属 性 值	说 明
MainWindow	windowTitle	中国大学 MOOC 课程数据爬取及分析系统	主窗体容器,设置窗体显示标题
	geometry	650×500	设置窗体大小
	styleSheet	background-image: url (:/a/background.jpg);	设置主窗体背景图片
title_label	font/Family	楷体	Label 标签控件,设置字体
	font/weight	选择加粗	加粗文本
	font/Size	36	设置字号
	text	课程数据爬取及分析系统	设置显示内容
	styleSheet	color: rgb(255, 255, 255);	设置字体颜色为白色
verticalLayout	layoutName	verticalLayout	Vertical Layout 垂直布局容器,用于放置按钮,设置对象名称
crawl_btn	text	数据爬取	Push Button 控件,设置显示文本
	styleSheet	color: rgb(255, 255, 0);	设置字体颜色为黄色
query_btn	text	数据查询	Push Button 控件,设置显示文本
	styleSheet	color: rgb(255, 255, 0);	设置字体颜色为黄色
visual_btn	text	数据可视化分析	Push Button 控件,设置显示文本
	styleSheet	color: rgb(255, 255, 0);	设置字体颜色为黄色
exit_btn	text	退出	Push Button 控件,设置显示文本
	styleSheet	color: rgb(255, 255, 0);	设置字体颜色为黄色

本系统在主窗体中通过 styleSheet 属性来设置背景图片,具体步骤如下:

(1) 在资源浏览器中添加图片。

如图 E1.24 所示,单击①"资源浏览器"选项卡,打开资源浏览器,再单击②"编辑资源"按钮,打开"编辑资源"窗口。

图 E1.24   资源浏览器

在"编辑资源"窗口中,单击"新建资源文件"按钮,在当前工程文件夹下新建一个 image.qrc 文件;单击"添加前缀"按钮,添加一个名为"a"的前缀,选择该前缀,然后单击"添加文件"按钮,如图 E1.25 所示,选择需要添加的文件,这里添加当前工程文件夹下名为 background.jpg 的背景图片文件。

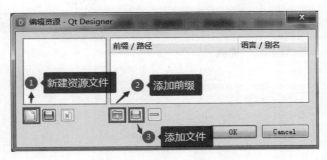

图 E1.25　添加文件资源

注意：在 Qt Designer 中使用了资源文件，需要将.qrc 文件转为.py 文件。本系统需要把 image.qrc 转换为 image_rc.py 文件，转换过程如下：

打开命令行窗口，定位到当前工程路径"F:\中国大学 MOOC 课程数据爬取及分析系统"下，然后输入命令"pyside2-rcc image.qrc-o image_rc.py"，如图 E1.26 所示。

图 E1.26　.qrc 资源文件转为.py 文件

（2）设置主窗体的 styleSheet 属性。

单击 styleSheet 属性的设置按钮，打开"编辑样式表"，单击"添加资源"后面的下三角按钮，打开下拉列表，然后单击 background-image 选项，如图 E1.27 所示。打开"选择资源"窗口，选择刚才添加的 background.jpg 图片。

图 E1.27　添加背景图片

注意：在主窗体中设置背景图片后，主窗体中所有控件将继承背景图片样式。

把设计好的窗体文件保存到当前工程的文件夹下，文件命名为 mainwindow.ui。

2. mainwindow.py 的生成

在 PyCharm 开发环境中选择 mainwindow.ui 文件，然后选择 Tools → External Tools → PyUIC 命令，如图 E1.28 所示，即可生成 mainwindow.py 文件。

mainwindow.py 的代码如下：

图 E1.28　使用 PyUIC 把 .ui 文件转换为 .py 文件

```
1   from PySide2.QtCore import (QCoreApplication, QDate, QDateTime, QMetaObject, QObject,
2   QPoint, QRect, QSize, QTime, QUrl, Qt)
3   from PySide2.QtGui import (QBrush, QColor, QConicalGradient, QCursor, QFont, QFontDatabase,
4   QIcon, QKeySequence, QLinearGradient, QPalette, QPainter, QPixmap, QRadialGradient)
5   from PySide2.QtWidgets import *
6   import sys
7   import image_rc
8   class Ui_MainWindow(object):
9       def setupUi(self, MainWindow):
10          if not MainWindow.objectName():
11              MainWindow.setObjectName(u"MainWindow")
12          MainWindow.resize(650, 500)
13          font = QFont()
14          font.setFamily(u"\u5fae\u8f6f\u96c5\u9ed1")
15          font.setPointSize(20)
16          MainWindow.setFont(font)
17          MainWindow.setStyleSheet(u"background - image: url(:/a/F:/\u4e2d\u56fd\u5927\
18  \u5b66MOOC\u8bfe\u7a0b\u6570\u636e\u722c\u53d6\u53ca\u5206\u6790\u7cfb\u7edf/background.
19  jpg);")
20          self.centralwidget = QWidget(MainWindow)
21          self.centralwidget.setObjectName(u"centralwidget")
22          self.title_label = QLabel(self.centralwidget)
23          self.title_label.setObjectName(u"title_label")
24          self.title_label.setGeometry(QRect(60, 150, 551, 41))
25          font1 = QFont()
26          font1.setFamily(u"\u6977\u4f53")
27          font1.setPointSize(36)
28          font1.setBold(True)
29          font1.setWeight(75)
30          self.title_label.setFont(font1)
31          self.title_label.setStyleSheet(u"color: rgb(255, 255, 255);")
32          self.verticalLayoutWidget = QWidget(self.centralwidget)
33          self.verticalLayoutWidget.setObjectName(u"verticalLayoutWidget")
34          self.verticalLayoutWidget.setGeometry(QRect(150, 240, 351, 201))
35          self.verticalLayout = QVBoxLayout(self.verticalLayoutWidget)
36          self.verticalLayout.setObjectName(u"verticalLayout")
```

```
37        self.verticalLayout.setContentsMargins(0, 0, 0, 0)
38        self.crawl_btn = QPushButton(self.verticalLayoutWidget)
39        self.crawl_btn.setObjectName(u"crawl_btn")
40        font2 = QFont()
41        font2.setFamily(u"\u5fae\u8f6f\u96c5\u9ed1")
42        font2.setPointSize(20)
43        font2.setBold(False)
44        font2.setWeight(50)
45        self.crawl_btn.setFont(font2)
46        self.crawl_btn.setStyleSheet(u"color: rgb(255, 255, 0);")
47        self.verticalLayout.addWidget(self.crawl_btn)
48        self.query_btn = QPushButton(self.verticalLayoutWidget)
49        self.query_btn.setObjectName(u"query_btn")
50        self.query_btn.setFont(font2)
51        self.query_btn.setStyleSheet(u"color: rgb(255, 255, 0);")
52        self.verticalLayout.addWidget(self.query_btn)
53        self.visual_btn = QPushButton(self.verticalLayoutWidget)
54        self.visual_btn.setObjectName(u"visual_btn")
55        self.visual_btn.setFont(font2)
56        self.visual_btn.setStyleSheet(u"color: rgb(255, 255, 0);")
57        self.verticalLayout.addWidget(self.visual_btn)
58        self.exit_btn = QPushButton(self.verticalLayoutWidget)
59        self.exit_btn.setObjectName(u"exit_btn")
60        self.exit_btn.setFont(font2)
61        self.exit_btn.setStyleSheet(u"color: rgb(255, 255, 0);")
62        self.verticalLayout.addWidget(self.exit_btn)
63        MainWindow.setCentralWidget(self.centralwidget)
64        self.retranslateUi(MainWindow)
65        QMetaObject.connectSlotsByName(MainWindow)
66    # setupUi
67    def retranslateUi(self, MainWindow):
68        MainWindow.setWindowTitle(QCoreApplication.translate("MainWindow", u"\u4e2d\u56fd\
69 u5927\u5b66MOOC\u8bfe\u7a0b\u6570\u636e\u722c\u53d6\u53ca\u5206\u6790\u7cfb\u7edf", None))
70        self.title_label.setText(QCoreApplication.translate("MainWindow", u"\u8bfe\u7a0b\
71 \u6570\u636e\u722c\u53d6\u53ca\u5206\u6790\u7cfb\u7edf", None))
72        self.crawl_btn.setText(QCoreApplication.translate("MainWindow", u"\u6570 \u636e \
73 u722c \u53d6", None))
74        self.query_btn.setText(QCoreApplication.translate("MainWindow", u"\u6570 \u636e \
75 u67e5 \u8be2", None))
76        self.visual_btn.setText(QCoreApplication.translate("MainWindow", u"\u6570 \u636e \
77 \u53ef \u89c6 \u5316 \u5206 \u6790", None))
78        self.exit_btn.setText(QCoreApplication.translate("MainWindow", u"\u9000 \u51fa", None))
79    # retranslateUi
```

注意：在 mainwindow.py 文件中可以看到主窗体类名为 Ui_MainWindow。为了实现单击界面上的"数据爬取""数据查询""数据可视化分析""退出"按钮，能够打开相应的数据爬取界面、数据查询界面、数据可视化界面以及关闭主界面窗口的功能，需要给 4 个按钮 crawl_btn、query_btn、visual_btn 和 exit_btn 添加 clicked 信号，然后把单击事件的信号

clicked 分别连接到 main. py 文件中 Main 类下定义的 crawlData、queryData、vislualData 以及主窗体的 close 槽。建立按钮信号连接的代码如下,需要添加到 Ui_MainWindow 类的 setupUi 方法中。

```
1  self.crawl_btn.clicked.connect(MainWindow.crawlData) ＃连接到 main.py 中 crawlData 方法
2  self.query_btn.clicked.connect(MainWindow.queryData) ＃连接到 main.py 中 queryData 方法
3  self.visual_btn.clicked.connect(MainWindow.visualData) ＃连接到 main.py 中 visualData 方法
4  self.exit_btn.clicked.connect(MainWindow.close)
```

3. main.py 的生成

在当前工程下,新建一个名为 main. py 的 Python 文件,定义一个 Main 类,继承创建的主界面类 Ui_MainWindow 和 QMainWindow 类,在构造方法中调用类 Ui_MainWindow 的 setupUI 方法,并定义 crawlData、queryData、visualData 等方法,分别用于实现显示数据爬取界面、数据查询界面和数据可视化分析界面的功能。在 main 函数中新建应用程序,实例化一个主窗体对象 mainWindow、一个数据爬取窗体对象 crawl、一个数据查询窗体对象 query 和一个数据可视化窗体对象 visual,并把主窗体显示出来,代码如下:

```
1   from mainwindow import Ui_MainWindow
2   from crawldata import Crawldata
3   from querydata import Querydata
4   from visualdata import Visualdata
5   from PySide2.QtWidgets import *
6   import sys
7   class Main(QMainWindow,Ui_MainWindow):
8       def __init__(self,parent = None):
9           super(Main, self).__init__(parent = parent)
10          self.setupUi(self)
11      def crawlData(self):
12          crawl.show()
13      def queryData(self):
14          query.show()
15      def visualData(self):
16          visual.show()
17  if __name__ == '__main__':
18      app = QApplication(sys.argv) ＃实例化 QApplication 类,作为 GUI 主程序入口
19      mainWindow = Main() ＃实例化 Main 类
20      crawl = Crawldata() ＃实例化数据爬取类
21      query = Querydata() ＃实例化数据查询类
22      visual = Visualdata() ＃实例化数据可视化类
23      mainWindow.show() ＃显示窗体
24      app.exec_()
25      sys.exit()
```

四、数据爬取模块

4.1 数据爬取界面设计

数据爬取界面设计完成后，会生成 crawlwindow.ui、crawlwindow.py 和 crawldata.py 三个文件。

1. crawlwindow.ui 文件的生成

使用 Qt Designer 设计如图 E1.29 所示的界面。

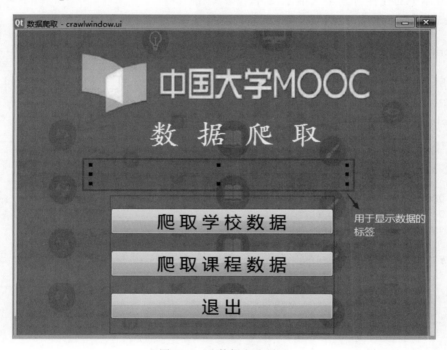

图 E1.29　数据爬取界面

在主窗体上添加 1 个 List View 控件、2 个 Label 控件、1 个 VerticalLayout 垂直布局容器控件，将 3 个 Push Button 控件拖曳到 VerticalLayout 容器中，对象名称和属性设置如表 E1.4 所示。

表 E1.4　主窗体容器与控件

对象名称	属　性	属　性　值	说　明
CrawlWindow	windowTitle	数据爬取	主窗体容器，设置窗体显示标题
	Geometry	650×500	设置窗体大小
background_listView	stylesheet	background-image: url(:/a/F:/中国大学 MOOC 课程数据爬取及分析系统/background .jpg);	List View 控件，用于显示背景图片

续表

对象名称	属 性	属 性 值	说 明
title_label	text	数据爬取	Label 控件,设置显示内容
show_label	enabled	False	Label 控件,用于显示爬取过程
verticalLayout	layoutName	verticalLayout	Vertical Layout 垂直布局容器,用于放置爬取数据按钮
crawlSchool_btn	text	爬取大学数据	Push Button 控件,设置显示文本
crawlCourse_btn	text	爬取课程数据	Push Button 控件,设置显示文本
exit_btn	text	退出	Push Button 控件,设置显示文本

注意：使用 List View 控件添加背景图片,目的是让窗体中的控件不继承背景图片的样式,使得窗体中的控件背景不再显示图片。

把设计好的窗体文件保存到当前工程的文件夹下,命名为 crawlwindow.ui。

2. crawlwindow.py 的生成

在 PyCharm 开发环境中选择 crawlwindow.ui 文件,然后选择 Tools→External Tools→PyUIC 命令,生成 crawlwindow.py 文件。

crawlwindow.py 的代码如下：

```
1   from PySide2.QtCore import (QCoreApplication, QDate, QDateTime, QMetaObject,
2       QObject, QPoint, QRect, QSize, QTime, QUrl, Qt)
3   from PySide2.QtGui import (QBrush, QColor, QConicalGradient, QCursor, QFont,
4       QFontDatabase, QIcon, QKeySequence, QLinearGradient, QPalette, QPainter,
5       QPixmap, QRadialGradient)
6   from PySide2.QtWidgets import *
7   import image_rc
8   class Ui_CrawlWindow(object):
9       def setupUi(self, CrawlWindow):
10          if not CrawlWindow.objectName():
11              CrawlWindow.setObjectName(u"CrawlWindow")
12          CrawlWindow.resize(658, 494)
13          font = QFont()
14          font.setFamily(u"\u5fae\u8f6f\u96c5\u9ed1")
15          font.setPointSize(20)
16          CrawlWindow.setFont(font)
17          CrawlWindow.setStyleSheet(u"")
18          self.centralwidget = QWidget(CrawlWindow)
19          self.centralwidget.setObjectName(u"centralwidget")
20          self.title_label = QLabel(self.centralwidget)
21          self.title_label.setObjectName(u"title_label")
22          self.title_label.setGeometry(QRect(210, 150, 271, 41))
23          font1 = QFont()
24          font1.setFamily(u"\u6977\u4f53")
25          font1.setPointSize(36)
26          font1.setBold(True)
27          font1.setWeight(75)
```

```
28          self.title_label.setFont(font1)
29          self.title_label.setStyleSheet(u"color: rgb(255, 255, 255);")
30          self.verticalLayoutWidget = QWidget(self.centralwidget)
31          self.verticalLayoutWidget.setObjectName(u"verticalLayoutWidget")
32          self.verticalLayoutWidget.setGeometry(QRect(150, 270, 351, 222))
33          self.verticalLayout = QVBoxLayout(self.verticalLayoutWidget)
34          self.verticalLayout.setObjectName(u"verticalLayout")
35          self.verticalLayout.setContentsMargins(0, 0, 0, 0)
36          self.crawlSchool_btn = QPushButton(self.verticalLayoutWidget)
37          self.crawlSchool_btn.setObjectName(u"crawlSchool_btn")
38          font2 = QFont()
39          font2.setFamily(u"\u5fae\u8f6f\u96c5\u9ed1")
40          font2.setPointSize(20)
41          font2.setBold(False)
42          font2.setWeight(50)
43          self.crawlSchool_btn.setFont(font2)
44          self.crawlSchool_btn.setStyleSheet(u"")
45          self.verticalLayout.addWidget(self.crawlSchool_btn)
46          self.crawlCourse_btn = QPushButton(self.verticalLayoutWidget)
47          self.crawlCourse_btn.setObjectName(u"crawlCourse_btn")
48          self.crawlCourse_btn.setFont(font2)
49          self.crawlCourse_btn.setStyleSheet(u"")
50          self.verticalLayout.addWidget(self.crawlCourse_btn)
51          self.exit_btn = QPushButton(self.verticalLayoutWidget)
52          self.exit_btn.setObjectName(u"exit_btn")
53          self.exit_btn.setFont(font2)
54          self.exit_btn.setStyleSheet(u"")
55          self.verticalLayout.addWidget(self.exit_btn)
56          self.show_label = QLabel(self.centralwidget)
57          self.show_label.setObjectName(u"show_label")
58          self.show_label.setGeometry(QRect(120, 220, 401, 31))
59          font3 = QFont()
60          font3.setPointSize(15)
61          font3.setBold(True)
62          font3.setWeight(75)
63          self.show_label.setFont(font3)
64          self.show_label.setStyleSheet(u"color: rgb(255, 0, 0);\n""")
65          self.show_label.setTextFormat(Qt.AutoText)
66          self.show_label.setAlignment(Qt.AlignCenter)
67          self.background_listView = QListView(self.centralwidget)
68          self.background_listView.setObjectName(u"background_listView")
69          self.background_listView.setGeometry(QRect(0, 0, 651, 501))
70          self.background_listView.setStyleSheet(u"background - image: url(:/a/F:/\u4e2d\
71 u56fd\u5927\u5b66MOOC\u8bfe\u7a0b\u6570\u636e\u722c\u53d6\u53ca\u5206\u6790\u7cfb\
72 u7edf/background .jpg);")
73          CrawlWindow.setCentralWidget(self.centralwidget)
74          self.background_listView.raise_()
75          self.title_label.raise_()
76          self.verticalLayoutWidget.raise_()
```

```
77          self.show_label.raise_()
78          self.retranslateUi(CrawlWindow)
79          QMetaObject.connectSlotsByName(CrawlWindow)
80      # setupUi
81      def retranslateUi(self, CrawlWindow):
82          CrawlWindow.setWindowTitle(QCoreApplication.translate("CrawlWindow", u"\u6570\
83  u636e\u722c\u53d6", None))
84          self.title_label.setText(QCoreApplication.translate("CrawlWindow", u"\u6570 \
85  u636e \u722c \u53d6", None))
86          self.crawlSchool_btn.setText(QCoreApplication.translate("CrawlWindow", u"\u722c \
87  u53d6 \u5b66 \u6821 \u6570 \u636e", None))
88          self.crawlCourse_btn.setText(QCoreApplication.translate("CrawlWindow", u"\u722c \
89  u53d6 \u8bfe \u7a0b \u6570 \u636e", None))
90          self.exit_btn.setText(QCoreApplication.translate("CrawlWindow", u"\u9000 \u51fa", None))
91          self.show_label.setText("")
92      # retranslateUi
```

注意：在 crawlwindow.py 文件中可以看到主窗体类名为 Ui_CrawlWindow。为了实现单击界面上的"爬取学校数据"和"爬取课程数据"按钮，能够分别完成 crawldata.py 文件中 Crawldata 类下定义的 crawlSchool、crawlCourse 的功能，需要建立 crawlSchool_btn 和 crawlCourse_btn 按钮的 clicked 信号连接，在 Ui_CrawlWindow 类的 setupUi 方法中添加如下代码：

```
1  self.crawlSchool_btn.clicked.connect(CrawlWindow.crawlSchool)     # 连接到 crawldata.py
2  中 crawlSchool 方法
3  self.crawlCourse_btn.clicked.connect(CrawlWindow.crawlCourse)     # 连接到 crawldata.py
3  中 crawlCourse 方法
4  self.exit_btn.clicked.connect(CrawlWindow.close)
```

3. crawldata.py 的生成

在当前工程下，新建一个名为 crawldata.py 的 Python 文件，定义一个 Crawldata 类，继承创建的主界面类 Ui_CrawlWindow 和 QMainWindow 类，在构造方法中调用类 Ui_CrawlWindow 的 setupUI 方法，并定义 crawlSchool 和 crawlCourse 方法，分别用于实现爬取中国大学 MOOC 网学校数据和爬取课程数据的功能。代码如下：

```
1  from crawlwindow import Ui_CrawlWindow
2  from PySide2.QtWidgets import *
3  from PySide2 import QtWidgets
4  import requests
5  from lxml import etree
6  import re
7  import time
8  from db_conn import DbConn
9  class Crawldata(QMainWindow,Ui_CrawlWindow):
```

```
10        def __init__(self,parent = None):
11            super(Crawldata, self).__init__(parent = parent)
12            self.setupUi(self)
13            self.db = DbConn()
14            self.datas = []
15            self.school_urls = []
16        def crawlSchool(self):
17        def crawlcourse(self):
```

注：crawlSchool 和 crawlCourse 的代码后续添加。

4.2　网络爬虫的基本流程

网络爬虫的基本流程如图 E1.30 所示。

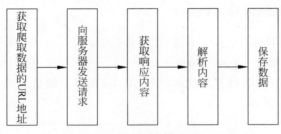

图 E1.30　网络爬虫的基本流程

1. 获取爬取数据的 URL 地址

分析要爬取的数据是静态网页数据还是动态网页数据，如果需要爬取的数据出现在网页的源代码中，即为静态网页数据，可以直接使用该网页的 URL 地址爬取，否则需要到"开发者工具"中获得爬取数据的头部信息。

2. 向服务器发起请求

在 Python 中实现 HTTP 网络请求的库主要有 httplib、urllib、urllib2、urllib3 和 requests，其中 httplib、urllib 和 urllib2 是 Python 自带的库，可以直接进行调用，httplib 是一个相对底层的 HTTP 请求模块，urllib 是基于 httplib 封装的；urllib3 和 requests 是第三方库，使用前需要通过执行 pip install urllib3 或 pip install requests 进行安装。由于 requests 库使用更加方便，所以本系统采用 requests 库实现 HTTP 请求。

requests 模块发送请求时有 data、json、params 三种携带参数的方法。params 在 get 请求中使用，data、json 在 post 请求中使用。data 可以接收的参数为字典、字符串、字节和文件对象。

3. 获取响应内容

如果服务器能正常响应，会得到一个 Response，Response 的内容便是所要获取的内容，类型可能是 HTML、Json 字符串、二进制数据（图片或者视频）等类型。

4. 解析内容

得到的内容如果是 HTML,用正则表达式 RE、网页解析库 lxml 进行解析;如果是 Json,则直接转换为 Json 对象解析。

5. 保存数据

本系统将爬取到的数据保存到 MySQL 数据库中。

4.3　爬取学校数据

爬取中国大学 MOOC 网上所有学校的 ID、学校的中文名称、英文简称、链接网址、上线的课程门数,其中学校上线的课程门数在 4.4 节中爬取课程数据时获取。

1. 获取爬取学校数据的 URL 地址

本系统从中国大学 MOOC 网上爬取学校的数据,在 Google Chrome 浏览器中输入中国大学 MOOC 网的网址"https://www.icourse163.org/",在主页上单击"学校",打开显示学校列表的网页,可以看到网站上的全部学校,右击,在弹出的快捷菜单中选择"查看网页源代码"命令,如图 E1.31 所示。

图 E1.31　中国大学 MOOC 网的学校网页

在网页源代码中可以找到每所学校的名称和链接,如图 E1.32 所示。

```
400  <a class="u-usity f-fl" href="/university/PKU" target="_blank">
401  <img class="" id=""
402  src="https://edu-image.nosdn.127.net/370D4ADD98FE6993DE1970DB0060ACCA.png?imageView&thumbnail=220y80&quality=100"
403  width="164" height="60" alt="北京大学">
404  </a>
405  <a class="u-usity f-fl" href="/university/NJU" target="_blank">
406  <img class="" id=""
407  src="https://edu-image.nosdn.127.net/851B65253247220C4FBEB56052F6B512.png?imageView&thumbnail=220y80&quality=100"
408  width="164" height="60" alt="南京大学">
409  </a>
410  <a class="u-usity f-fl" href="/university/ZJU" target="_blank">
411  <img class="" id=""
412  src="https://edu-image.nosdn.127.net/3b3416717e8444e78fc4f54b543ec7c1.png"
413  width="164" height="60" alt="浙江大学">
414  </a>
```

图 E1.32　学校网页部分源代码

本系统需要爬取学校的中文名称、英文简称和链接网址,中文名称和链接网址可以从源代码中解析获取,英文简称可以从链接网址中抽取出来,比如北京大学的英文简称是 PKU,可以从链接网址"/university/PKU"字符串中抽取得到。通过分析,需要爬取的数据是静态网页数据,可以从网址"https://www.icourse163.org/university/view/all.htm/"中爬取。

本系统还需要爬取学校的 ID,爬取学校 ID 要进入每所学校的网页中才能获取。使用刚才爬取到的学校的链接地址,依次发送网页请求,然后从获取的网页源代码中使用正则表达式解析出 schoolID 的内容。

2. 发送 HTTP 网络请求

用 GET 请求方式,向网页"https://www.icourse163.org/university/view/all.htm/"发送请求,需要设置 headers 头部信息。代码如下:

```
1  headers = { "User-Agent":"Mozilla/5.0 (Windows NT 10.0; WOW64) AppleWebKit/537.36 (KHTML,
2             like Gecko) Chrome/89.0.4389.90 Safari/537.36"}
3  url = "https://www.icourse163.org/university/view/all.htm"
4  school_res = requests.get(url,headers = headers).text
```

3. 解析数据

本系统使用 lxml 库解析学校的中文名称和链接网址。lxml 是 Python 的一个解析库,支持 HTML 和 XML 的解析,支持 XPath 解析方式,解析效率较高。使用前需要通过"pip install lxml"安装。

使用 XPath 获取 HTML 源码中的内容,要先将 HTML 源码转换成_Element 对象,然后才能使用 xpath 方法进行解析。可以使用 lxml 的 etree.HTML 方法将 HTML 字符串源码转变成_Element 对象。

使用 xpath 方法进行解析时,首先要获取数据的 XPath,XPath 可以用以下方法获得:

打开网页 https://www.icourse163.org/university/view/all.htm/,在该网页上右击,在弹出的快捷菜单中单击"检查"命令,打开"开发者工具"。在"开发者工具"中选择 Elements,然后刷新网页,找到需要解析的学校中文名称或链接网址的网页源代码,在该标签数据上右击,在弹出的快捷菜单中选择 Copy→Copy XPath 命令,即可获得 XPath 的值,如图 E1.33 所示。

4. 保存数据

将爬取到的数据保存到 MySQL 数据库的 school 表中。

为了避免重复爬取学校数据,在爬取数据之前,应先检查 school 表是否为空,如果不为空,则说明已经爬取过数据,这时弹出信息提示框询问"学校数据已经存在,是否清空原有数据,重新爬取?",单击 Yes 按钮则清空 school 表,重新爬取数据;单击 No 按钮则不再爬取数据。

爬取学校数据的代码放到 CrawlData 类中的 crawlSchool 方法里,代码如下:

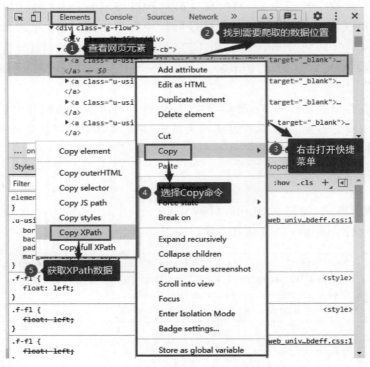

图 E1.33　获取 XPath 的值

```python
1   def crawlSchool(self):
2       conn, cursor = self.db.open_conn()
3       # 检查数据库表 school 中是否已经有数据
4       sql = 'select * from school'
5       sql += ';'
6       cursor.execute(sql)
7       datas = cursor.fetchall()
8       if datas:
9           reply = QtWidgets.QMessageBox.question(self, '提示信息', '学校数据已经存在,是否
10  清空原有数据,重新爬取?',
11                                  QMessageBox.Yes | QMessageBox.No, QMessageBox.No)
12          if reply == QMessageBox.Yes:
13              # 清空 school 表的内容
14              sql = 'delete from school'
15              sql += ';'
16              cursor.execute(sql)
17              cursor.connection.commit()
18          else:
19              return
20      self.show_label.setText("正在爬取学校数据,请耐心等待")
21      self.crawlSchool_btn.setText("waiting......")
22      self.crawlSchool_btn.setEnabled(False)
23      self.crawlCourse_btn.setEnabled(False)
24      self.exit_btn.setEnabled(False)
```

```
25      QApplication.processEvents() ＃实时刷新界面
26      ＃ 创建头部信息
27      headers = {
28          "User - Agent": "Mozilla/5.0 (Windows NT 10.0; WOW64) AppleWebKit/537.36 (KHTML,
29  like Gecko) Chrome/89.0.4389.90 Safari/537.36"
30      }
31      ＃ 需要爬取网页的网址
32      url = "https://www.icourse163.org/university/view/all.htm"
33      ＃ 发送网络请求
34      res = requests.get(url, headers = headers)
35      ＃ 获取相应文本,也就是对应 html 页面的源代码
36      school_res = res.text
37      ＃ 把 HTML 源码转变成_Element 对象
38      page = etree.HTML(school_res)
39      school_ID = []
40      school_name = []
41      school_SN = []
42      school_urls = []
43      ＃ 获取学校中文名称
44      for i in page.xpath('//＊[@id = "g - body"]/div/div[2]/div[2]/a/img/@alt'):
45          school_name.append(i)
46      ＃ 获取学校链接地址和英文简称
47      url = "https://www.icourse163.org"
48      for i in page.xpath('//＊[@id = "g - body"]/div/div[2]/div[2]/a/@href'):
49          school_urls.append(url + i)
50          school_SN.append(i[12:].strip())
51      ＃ 获取 schoolId
52      for url in school_urls[0:]:
53          res = requests.get(url, headers = headers).text
54          ＃ 用 re 正则表达式获取网页源代码中 schoolId 的值
55          schoolId = re.findall(r'window.schoolId = "(\d + )"', res)[0]
56          school_ID.append(schoolId.strip())
57      print( school_ID[1])
58      self.crawlSchool_btn.setEnabled(True)
59      self.crawlCourse_btn.setEnabled(True)
60      self.exit_btn.setEnabled(True)
61      self.show_label.setText("学校数据爬取成功!")
62      self.crawlSchool_btn.setText("爬 取 学 校 数 据")
63      ＃ 把爬取到的学校数据存储到 school 表中
64      for i in range(len(school_name)):
65          cursor.execute(
66              "insert into school(schoolID,schoolName,schoolSN,schoolURL)"
67              " values('{}', '{}','{}','{}')".format(school_ID[i], school_name[i], school_SN
68  [i], school_urls[i])
69          )
70      cursor.connection.commit()
71      self.db.close_conn(conn, cursor)
```

4.4　爬取课程数据

爬取中国大学 MOOC 网上所有课程的课程 ID、课程名称、参加人数、授课老师、开课学校、课程开始时间、课程结束时间、课程评价分数和课程评价人数等数据。

注意：由于爬取课程数据时需要用到学校的链接，所以在爬取课程数据之前要先爬取学校数据。

1. 获取请求地址

从每个学校的网页中爬取该学校的课程数据，这些数据在学校网页的源代码中看不到，说明要爬取的数据是动态网页数据。可以用如下方法获取爬取数据的 URL 地址。

以北京大学为例，打开中国大学 MOOC 网上北京大学的网页，可以看到该学校的所有课程。在"开发者工具"界面，单击 Network 选项卡，可以查看页面请求加载的信息；单击过滤器图标，然后选择 Fetch/XHR 过滤规则，可以查看 Fetch 或 XHR 的请求，一般是一些 Ajax URL 响应或界面的 URL 请求，然后刷新网页，在 Name 中找到包含关键字 Course 的项，单击该项后，在右侧的 Response 区域可以看到响应数据；在 Headers 区域可以获得完整的请求数据的 URL 地址和请求方式，如图 E1.34 所示。另外在 Headers 区域的 Request Headers 中可以得到 content-type、cookie 和 user-agent 等头部信息。

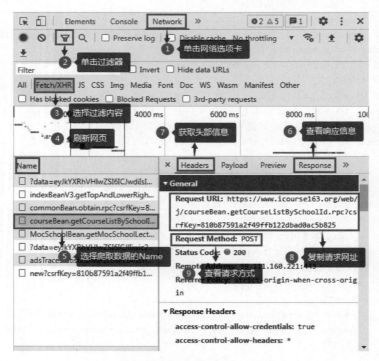

图 E1.34　获取请求地址

通过分析发现，进入所有学校的网页获取的请求地址 Request URL 都一样，都是：

https://www.icourse163.org/web/j/courseBean.getCourseListBySchoolId.rpc? csrfKey=

810b87591a2f49ffb122dbad0ac5b825

使用该地址爬取不到所需数据。在请求地址中有一个参数 csrfKey，需要修改 csrfKey 的值，csrfKey 被存放在 cookie 的 NTESSTUDYSI＝中，只需要从 cookie 中提取出 "NTESSTUDYSI＝"的值"400283bb14674760a4f89c0f4d8c609a"，并替换掉 Request URL 中原来的 csrfKey 值，即可得到请求地址：

https://www.icourse163.org/web/j/courseBean.getCourseListBySchoolId.rpc? csrfKey ＝400283bb14674760a4f89c0f4d8c609a

2. 获取表单数据

得到请求地址后，通过上传表单数据，获取每个学校的课程数据。表单数据可在"开发者工具"的 Payload 区域获得，如图 E1.35 所示。

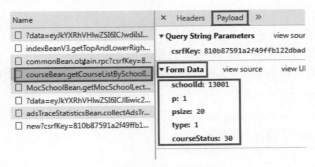

图 E1.35 获取表单数据

表单数据中 schoolId 是学校的 ID，其中"13001"是北京大学的 ID，只要更改 schoolId 的值就可获取不同学校的课程数据。使用 request 发送网页请求时，要把表单数据写成字典的形式，并赋值给参数 data：

```
data = { "schoolId": schoolId,
        "p":"1",
        "psize": "20",
        "type": "1",
        "courseStatus": "30"
        }
```

3. 获取学校课程显示的分页数

进入学校网页可以看到所有课程都是分页显示的，每页显示 20 门课程，由于每个学校上线课程的数量不一样，所以课程显示的页数也不一样。为了获取所有课程的数据，需要先获取课程显示的分页数。把获得的分页数保存到 totlePageCoun[]列表中，课程总门数保存到 totleCount[]列表中，用于更新 school 表中"上线的课程门数"。

4. 获取课程数据

使用请求地址：

https://www.icourse163.org/web/j/courseBean.getCourseListBySchoolId.rpc? csrfKey

＝400283bb14674760a4f89c0f4d8c609a

获取课程 ID、课程名称、参加人数、授课老师、开课学校、课程开始时间、课程结束时间等数据时,上传的表单数据是:

```
data = { "schoolId": schoolId,
        "p" : page,        # page 是分页页码
        "psize": "20",
        "type": "1",
        "courseStatus": "30"
        }
```

获取课程评价分数和课程评价人数的请求地址不变,但上传的表单数据要改为:

```
data = {"courseId":courseId   # courseId 是课程的 ID 号 }
```

5. 保存数据

把爬取到的课程数据保存到 MySQL 数据库的 course 表中。

爬取课程数据的代码放到 CrawlData 类中的 crawlCourse 方法中,代码如下:

```
1   def crawlCourse(self):
2       conn, cursor = self.db.open_conn()
3       # 从 school 表中获取学校链接
4       sql = 'select schoolURL from school'
5       sql += ';'
6       cursor.execute(sql)
7       data = cursor.fetchall()
8       if not(data):
9           QtWidgets.QMessageBox.warning(self, "警告", "请先爬取学校数据")
10          return
11      # fetchall 获得的是 tuple 元组数据,要转换为列表
12      for i in data:
13          self.school_urls.append(i[0])
14      # 检查数据库表 course 中是否已经有数据
15      sql = 'select * from course'
16      sql += ';'
17      cursor.execute(sql)
18      datas = cursor.fetchall()
19      if datas:
20          reply = QtWidgets.QMessageBox.question(self, '提示信息', '课程数据已经存在,是否
21  清除原有数据,重新爬取?',
22                                  QMessageBox.Yes | QMessageBox.No, QMessageBox.No)
23          if reply == QMessageBox.Yes:
24              # 清空数据库表 school 的内容
25              sql = 'delete from course_copy'
26              sql += ';'
27              cursor.execute(sql)
28              cursor.connection.commit()
```

```
29          else:
30              return
31      self.show_label.setText("正在爬取课程数据,请耐心等待")
32      self.crawlCourse_btn.setText("waiting......")
33      self.crawlSchool_btn.setEnabled(False)
34      self.crawlCourse_btn.setEnabled(False)
35      self.exit_btn.setEnabled(False)
36      QApplication.processEvents()  # 实时刷新界面
37      headers = {
38          'cookie':'EDUWEBDEVICE = 2238272f616d4e99ad13968d8d17f809;
39  __yadk_uid = t0iXnOH0k9JwcF8PTqxAhWmcwBDP4dtF;
40  __utma = 63145271.1945292559.1616508903.1616508903.1616508903.1;
41  __utmz = 63145271.1616508903.1.1.utmcsr = (direct)|utmccn = (direct)|utmcmd = (none);
42  WM_TID = ILwtvT7dT6RBFRQFUFd/xCfvKSYqEX5l;hasVolume = true;videoVolume = 0.8;
43  WM_NI = nso85YQorLW9lJupGWENQbnshXnJ + FomYmTd + hl515dLTNI30PdZPaSXMoI9ltpuNaNwAuIKMC++
44  whajvoaB/po/2T6zpN/j2AhRy0h7na9u3mLtQf/EQpPkwplDAnnqZkE = ;
45  WM_NIKE = 9ca17ae2e6ffcda170e2e6ee92cf6ffb9889daca3e8f8a8fb6c54f978f9aaff87dacac83b5e65bade79792
46  cd2af0fea7c3b92aaeada1d9b85393b1beadd633b096bb91c65d87929f83ed79ac88a2abaa4eadb3978ed
47  770e9b8a4d6b43fa8949cafcc39f490acbbd36b91888390cc33b0acc096cd6b8ea98f96cc418f9de5ccf664
48  a3b6ba90e44aedb0a1d0b160f6a6c0afae62f29fa8b3fc3cace9a282bc7ff1b38495d46eed9b9f91d361b5b
49  0a4a5c466aeaf968cc837e2a3; utm = "eyJjIjoiIiwiY3QiOiIiLCJpIjoiIiwibSI6IiIsInMiOiIiLCJ0IjoiIn0 =
50  |aHR0cDovL2xvY2FsaG9zdDo4ODg4Lw == "; WX_WEBVIEW_AUTH = 1; STUDY_WTR =
51  "RXy7L4XZfPmvMFsYXR57mM7jkIOFbiwLH2bLu59j3DuYHDDzGG1gelp8X3KDVDlHJUTMGZpuf6tE3Nb + 1dY3FectFtLo2
52  + dk1T5E80p7J2Q = ";MOOC_PRIVACY_INFO_APPROVED = true; hb_MA - A976 - 948FFA05E931_source =
53  localhost:8888; Hm_lvt_77dc9a9d49448cf5e629e5bebaa5500b = 1620109879,1620112395,1620112675,
54  1620112815; NTESSTUDYSI = 400283bb14674760a4f89c0f4d8c609a; NTES_YD_SESS = 98M8rGIZKwqYJ
55  s2a5JzebaJTa69.dq9l8KAH79mEGMDErPh.QAcwBDiK.KCHDlYyTTX4wN6a7_06tbPU_lYMvLEqbMV2fjkJr_
56  g_lM05uCRYrBS87.yUWJwobb.sMrO8_jgK2X.x3L8jKCtpWrPz3YFA8SjVRmZkl11VWV7jH_Tr16Eiv_0dafq
57  vvViu69k0zOrgIoZAbtYY_nJFJWNnJYmTcu3lj.Sk9J1SH_9J_o4XT; NTES_YD_PASSPORT = V5LjnYNjYBS
58  db2XA.2Sk.3or7YjpVF.j4KSPd3z2rpK9ZnqeiEjDRK5mem7YKcvUSSTkDMy.6xWYmb3Kuq1okDF6ivmL43
59  Nu7CKEn0uY1uGX4Hy8HTvd4mmp0Rc7szncHilNvus6jLoll2TbEmkUN2bACxkX51XYsCA6f1vOshGgfR1QS1bI
60  Gps9IRTjlfenVbW9kYSeG32m00yvXO8UDhtAW; S_INFO = 1620112897|0|3&80# #|13717378202; P_INFO
61  = 13717378202|1620112897|1|imooc|00&99|gud&1618063872&imooc#gud&440500#10#0#0|&0|null|
62  13717378202; STUDY_INFO = "yd.9c87ec9048f04d6bb@163.com|8|1141190892|1620112898259";
63  STUDY_SESS = "HSWw + UKn4Fn/O1hClGLQDIgcvj9DLtzp2edCyM/BR4m1IcnA9H2BXSSGOe/wVXK3SjPKhIFzp/
64  bViei9eLNWzyY5yp2idAuW7A95VNd/Z0F36355dwB2S8UMO/h13WcqPz9haBgXAVtCpm + SISPfehGcDeFtXYLy
65  Hw61wQJpb4gLhur2Nm2wEb9HcEikV + 3FTI8 + lZKyHhiycNQo + g + /oA == "; STUDY_PERSIST = "BrgWbQ
66  8sf5eHRWkAZTjIHfiw + 0/gMJH4njBby + 08N4vY7AZsnFf2cUVqsF945RigeyMhSStj4PT/4nU0qHRwHRjdf8
67  CF46rXRI2Hin7O4Cofr4xiZkckvpeI/Z3STnlkQntXkICIL2QYXYBpgGMk4/qnrLRbZBndhCSVmBODf8kl + vm
68  TkwfJWSGAu35vGxk5Fyau91zGZu2Lh4AUwDNf + sgrm9vwgjSkT/GyNzhyd + nZgpjCC7Iso4RP9U87vJE8Lta
69  QzUT1ovP2MqtW5 + L3Hw + PvH8 + tZRDonbf7gEH7JU = ";NETEASE_WDA_UID = 1141190892# |#1527731391171;
70  Hm_lpvt_77dc9a9d49448cf5e629e5bebaa5500b = 1620112955', 'user - agent': 'Mozilla/5.0
71  (Windows NT 10.0; WOW64) AppleWebKit/537.36 (KHTML, like Gecko) Chrome/89.0.4389.90 Safari/
72  537.36'
73      }
74      totlePageCount = []        # 课程显示分页数
75      totleCount = []            # 课程门数
76      ids = []                   # 课程 ID
77      name = []                  # 课程名称
78      enrollCount = []           # 参加课程学习人数
```

```python
 79        teacherName = []            # 授课教师姓名
 80        schoolName = []             # 开课学校
 81        schoolSN = []               # 学校名英文缩写
 82        startTime = []              # 开课时间
 83        endTime = []                # 课程结束时间
 84        avgMark = []                # 课程评价分数
 85        evaluateCount = []          # 课程参与评价人数
 86        school_ID = []
 87        for url in self.school_urls[0:1]:
 88            # 获取 schoolId
 89            r = requests.get(url, headers = headers).text
 90            schoolId = re.findall(r'schoolId = "(\d + )"', r)[0]
 91            school_ID.append(schoolId)
 92            # 获取每个学校的课程显示页数和总课程数
 93            url1 = "https://www.icourse163.org/web/j/courseBean.getCourseListBySchoolId.rpc?" \
 94                "csrfKey = 400283bb14674760a4f89c0f4d8c609a"
 95            data1 = {
 96                "schoolId": schoolId,
 97                "p": "1",
 98                "psize": "20",
 99                "type": "1",
100                "courseStatus": "30"
101            }
102            res = requests.post(url = url1, data = data1, headers = headers)
103            result = res.json()["result"]["query"]
104            totlePageCount.append(result['totlePageCount'])
105            totleCount.append(int(result['totleCount']))
106            for page in range(1, result['totlePageCount'] + 1):
107                data = {
108                    "schoolId": schoolId,
109                    "p": page,
110                    "psize": "20",
111                    "type": "1",
112                    "courseStatus": "30"
113                }
114                res = requests.post(url = url1, data = data, headers = headers)
115                try:
116                    result = res.json()["result"]["list"]
117                    for i in range(20):
118                        ids.append(result[i]["id"])
119                        name.append(result[i]["name"])
120                        enrollCount.append(int(result[i]["enrollCount"]))
121                        teacherName.append(result[i]["teacherName"])
122                        schoolName.append(result[i]["schoolName"])
123                        schoolSN.append(result[i]["schoolSN"])
124                        startTime.append(time.strftime("% Y - % m - % d", time.localtime(result[i]["startTime"] / 1000)))
125                        endTime.append(time.strftime("% Y - % m - % d", time.localtime(result[i]["endTime"] / 1000)))
```

```
126                        url2 =
127  'https://www.icourse163.org/web/j/mocCourseV2RpcBean.getEvaluateAvgAndCount.rpc?csrfKey =
128  400283bb14674760a4f89c0f4d8c609a'
129                        data2 = {
130                            "courseId": result[i]["id"]
131                        }
132                        res = requests.post(url = url2, data = data2, headers = headers)
133                        try:
134                            avgMark.append(res.json()["result"]["avgMark"])
135                            evaluateCount.append(res.json()["result"]["evaluateCount"])
136                        except:
137                            avgMark.append("0")
138                            evaluateCount.append("0")
139                except:
140                    break
141      self.crawlSchool_btn.setEnabled(True)
142      self.crawlCourse_btn.setEnabled(True)
143      self.exit_btn.setEnabled(True)
144      self.show_label.setText("课程数据爬取成功!")
145      self.crawlCourse_btn.setText("爬 取 课 程 数 据")
146      # 把爬取到的学校开课门数写到 school 表中
147      for i in range(len(totleCount)):
148          cursor.execute(
149              "update school set courseTotleCount = '{}'"
150              " where schoolID = {}".format(totleCount[i], school_ID[i])
151          )
152      cursor.connection.commit()
153      # 把爬取到的课程数据存储到 course 表中
154      for i in range(0, len(ids)):
155          cursor.execute(
156              " insert into course_copy(courseID, courseName, schoolName, teacherName, startTime,
157  endTime, enrollCount, evaluateMark, evaluateCount)"
158              " values('{}', '{}','{}','{}', '{}','{}','{}', '{}','{}')"
159                  .format(ids[i], name[i], schoolName[i], teacherName[i], startTime[i],
160  endTime[i], enrollCount[i], avgMark[i], evaluateCount[i])
161          )
162      cursor.connection.commit()
```

五、数据查询模块

5.1 数据查询界面设计

数据查询界面设计完成后,会生成 querywindow.ui、querywindow.py 和 querydata.py 三个文件。

1. querywindow.ui 的生成

使用 Qt Designer 设计如图 E1.36 所示的数据查询界面。

图 E1.36　数据查询界面

对于数据查询窗体中使用的图片 top.jpg,要先使用"资源浏览器"将之添加到资源文件 image.qrc 中,然后在命令行窗口中运行命令"pyside2-rcc image.qrc-o image_rc.py",把 image.qrc 转换为 image_rc.py,并更新原来的 image_rc.py 文件。

在主窗体容器内添加的控件及其属性值如表 E1.5 所示。

表 E1.5　主窗体容器与控件

对象名称	属性	属性值	说明
QueryWindow	windowTitle	数据查询	主窗体容器,设置窗体显示标题
	geometry	650×500	设置窗体大小
	font/Family	微软雅黑	设置窗体内文本字体
	font/Size	10	设置窗体内文本字号
top_label	text	数据查询	Label 标签控件,设置显示内容
	geometry	650×64	设置标签大小
	styleSheet	color: rgb(255, 255, 255);\nbackground-image: url(:/a/F:/中国大学 MOOC 课程数据爬取及分析系统/top.jpg);	设置标签背景图片和字体颜色
num_label	text	选择显示数据条数	Label 标签控件,设置显示内容
num_comboBox	currentText	全部	Combo Box 组合框控件,设置当前文本输入框的值
tableView	geometry	620×290	Table View 控件,用于显示查询结果

在主窗体中添加输入条件查询区域容器和控件,如表 E1.6 所示。

表 E1.6　输入条件查询区域容器和控件

对象名称	属性	属性值	说　明
query_widget	geometry	620×60	Widget 控件,作为查询区域容器,用于放置如下 7 个控件
school_label	text	学校名	Label 标签控件
school_text	geometry	104×30	Text Edit 文本框控件
course_label	text	课程名	Label 标签控件
course_text	geometry	104×30	Text Edit 文本框控件
teacher_label	text	授课老师	Label 标签控件
teacher_text	geometry	104×30	Text Edit 文本框控件
query_btn	text	查询	Push Button 控件

在主窗体中添加指定条件查询区域容器和控件,如表 E1.7 所示。

表 E1.7　指定条件查询区域容器和控件

对象名称	属性	属性值	说　明
queryBtn_widget	geometry	620×30	Widget 控件,作为查询区域容器,用于放置如下 4 个控件
enrollMore_btn	text	课程参加人数最多	Push Button 控件
enrollLess_btn	text	课程参加人数最少	Push Button 控件
markMore_btn	text	课程评价分数最高	Push Button 控件
markLess_btn	text	课程评价分数最低	Push Button 控件

把设计好的窗体文件保存到当前工程的文件夹下,命名为 querywindow.ui。

2. querywindow.py 的生成

在 PyCharm 开发环境中选择 querywindow.ui 文件,然后选择 Tools→External Tools→PyUIC 命令,生成 querywindow.py 文件。

querywindow.py 的代码如下:

```
1  from PySide2.QtCore import (QCoreApplication, QDate, QDateTime, QMetaObject,
2      QObject, QPoint, QRect, QSize, QTime, QUrl, Qt)
3  from PySide2.QtGui import (QBrush, QColor, QConicalGradient, QCursor, QFont,
4      QFontDatabase, QIcon, QKeySequence, QLinearGradient, QPalette, QPainter,
5      QPixmap, QRadialGradient)
6  from PySide2.QtWidgets import *
7  import image_rc
8  class Ui_QueryWindow(object):
9      def setupUi(self, QueryWindow):
10         if not QueryWindow.objectName():
11             QueryWindow.setObjectName(u"QueryWindow")
12         QueryWindow.resize(650, 500)
13         font = QFont()
14         font.setFamily(u"\u5fae\u8f6f\u96c5\u9ed1")
15         font.setPointSize(10)
16         QueryWindow.setFont(font)
```

```
17          self.centralwidget = QWidget(QueryWindow)
18          self.centralwidget.setObjectName(u"centralwidget")
19          self.top_label = QLabel(self.centralwidget)
20          self.top_label.setObjectName(u"top_label")
21          self.top_label.setGeometry(QRect(0, 0, 650, 64))
22          font1 = QFont()
23          font1.setFamily(u"\u6977\u4f53")
24          font1.setPointSize(28)
25          font1.setBold(True)
26          font1.setWeight(75)
27          self.top_label.setFont(font1)
28          self.top_label.setStyleSheet(u"color: rgb(255, 255, 255);\n"
29  "background - image:
30  url(:/a/F:/\u4e2d\u56fd\u5927\u5b66MOOC\u8bfe\u7a0b\u6570\u636e\u722c\u53d6\u53ca\u5206
31  \u6790\u7cfb\u7edf/top.jpg);")
32          self.query_widget = QWidget(self.centralwidget)
33          self.query_widget.setObjectName(u"query_widget")
34          self.query_widget.setGeometry(QRect(0, 60, 650, 60))
35          self.school_label = QLabel(self.query_widget)
36          self.school_label.setObjectName(u"school_label")
37          self.school_label.setGeometry(QRect(20, 20, 71, 31))
38          self.school_text = QTextEdit(self.query_widget)
39          self.school_text.setObjectName(u"school_text")
40          self.school_text.setGeometry(QRect(70, 20, 104, 30))
41          self.course_label = QLabel(self.query_widget)
42          self.course_label.setObjectName(u"course_label")
43          self.course_label.setGeometry(QRect(200, 20, 71, 31))
44          self.course_text = QTextEdit(self.query_widget)
45          self.course_text.setObjectName(u"course_text")
46          self.course_text.setGeometry(QRect(250, 20, 104, 30))
47          self.teacher_text = QTextEdit(self.query_widget)
48          self.teacher_text.setObjectName(u"teacher_text")
49          self.teacher_text.setGeometry(QRect(440, 20, 104, 30))
50          self.teacher_label = QLabel(self.query_widget)
51          self.teacher_label.setObjectName(u"teacher_label")
52          self.teacher_label.setGeometry(QRect(380, 20, 71, 31))
53          self.query_btn = QPushButton(self.query_widget)
54          self.query_btn.setObjectName(u"query_btn")
55          self.query_btn.setGeometry(QRect(570, 32, 61, 21))
56          self.queryBtn_widget = QWidget(self.centralwidget)
57          self.queryBtn_widget.setObjectName(u"queryBtn_widget")
58          self.queryBtn_widget.setGeometry(QRect(0, 130, 650, 30))
59          self.enrollMore_btn = QPushButton(self.queryBtn_widget)
60          self.enrollMore_btn.setObjectName(u"enrollMore_btn")
61          self.enrollMore_btn.setGeometry(QRect(20, 0, 131, 23))
62          self.enrollLess_btn = QPushButton(self.queryBtn_widget)
63          self.enrollLess_btn.setObjectName(u"enrollLess_btn")
64          self.enrollLess_btn.setGeometry(QRect(180, 0, 131, 23))
65          self.markMore_btn = QPushButton(self.queryBtn_widget)
66          self.markMore_btn.setObjectName(u"markMore_btn")
```

```
67          self.markMore_btn.setGeometry(QRect(340, 0, 131, 23))
68          self.markLess_btn = QPushButton(self.queryBtn_widget)
69          self.markLess_btn.setObjectName(u"markLess_btn")
70          self.markLess_btn.setGeometry(QRect(500, 0, 131, 23))
71          self.num_comboBox = QComboBox(self.centralwidget)
72          self.num_comboBox.addItem("")
73          self.num_comboBox.addItem("")
74          self.num_comboBox.addItem("")
75          self.num_comboBox.addItem("")
76          self.num_comboBox.setObjectName(u"num_comboBox")
77          self.num_comboBox.setGeometry(QRect(560, 160, 69, 22))
78          self.num_label = QLabel(self.centralwidget)
79          self.num_label.setObjectName(u"num_label")
80          self.num_label.setGeometry(QRect(450, 160, 111, 31))
81          self.tableView = QTableView(self.centralwidget)
82          self.tableView.setObjectName(u"tableView")
83          self.tableView.setGeometry(QRect(15, 201, 620, 290))
84          QueryWindow.setCentralWidget(self.centralwidget)
85          self.retranslateUi(QueryWindow)
86          QMetaObject.connectSlotsByName(QueryWindow)
87      # setupUi
88      def retranslateUi(self, QueryWindow):
89          QueryWindow.setWindowTitle(QCoreApplication.translate("QueryWindow", u"\u6570\
90  \u636e\u67e5\u8be2", None))
91          self.top_label.setText(QCoreApplication.translate("QueryWindow", u"\
92  \u6570\u636e\u67e5\u8be2", None))
93          self.school_label.setText(QCoreApplication.translate("QueryWindow", u"\u5b66\
94  \u6821\u540d", None))
95          self.course_label.setText(QCoreApplication.translate("QueryWindow", u"\u8bfe\
96  \u7a0b\u540d", None))
97          self.teacher_label.setText(QCoreApplication.translate("QueryWindow", u"\u6388\
98  \u8bfe\u8001\u5e08", None))
99          self.query_btn.setText(QCoreApplication.translate("QueryWindow", u"\u67e5\
100  \u8be2", None))
101          self.enrollMore_btn.setText(QCoreApplication.translate("QueryWindow", u"\u8bfe\
102  \u7a0b\u53c2\u52a0\u4eba\u6570\u6700\u591a", None))
103          self.enrollLess_btn.setText(QCoreApplication.translate("QueryWindow", u"\u8bfe\
104  \u7a0b\u53c2\u52a0\u4eba\u6570\u6700\u5c11", None))
105          self.markMore_btn.setText(QCoreApplication.translate("QueryWindow", u"\u8bfe\
106  \u7a0b\u8bc4\u4ef7\u5206\u6570\u6700\u9ad8", None))
107          self.markLess_btn.setText(QCoreApplication.translate("QueryWindow", u"\u8bfe\
108  \u7a0b\u8bc4\u4ef7\u5206\u6570\u6700\u4f4e", None))
109          self.num_comboBox.setItemText(0, QCoreApplication.translate("QueryWindow", u"\
110  \u5168\u90e8", None))
111          self.num_comboBox.setItemText(1, QCoreApplication.translate("QueryWindow", u"10", None))
112          self.num_comboBox.setItemText(2, QCoreApplication.translate("QueryWindow", u"20", None))
113          self.num_comboBox.setItemText(3, QCoreApplication.translate("QueryWindow", u"50", None))
114          self.num_comboBox.setCurrentText(QCoreApplication.translate("QueryWindow", u"\
115  \u5168\u90e8", None))
116          self.num_label.setText(QCoreApplication.translate("QueryWindow", u"\u9009\u62e9\
117  \u663e\u793a\u6570\u636e\u6761\u6570", None))
118      # retranslateUi
```

注意：在 querywindow.py 文件中可以看到主窗体类名为 Ui_QueryWindow。为了实现单击界面上的"查询""课程参加人数最多""课程参加人数最少""课程评价分数最高""课程评价分数最低"按钮，能够分别完成 querydata.py 文件中 Querydata 类下定义的 queryData、enrollMore、enrollLess、markMore、markLess 等方法的功能，需要建立 query_btn、enrollMore_btn、enrollLess_btn、markLess_btn 和 markMore_btn 按钮的 clicked 信号连接，在 Ui_QueryWindow 类的 setupUi 方法中添加如下代码：

```
 1  self.query_btn.clicked.connect(QueryWindow.queryData)      # 连接到 querydata.py 中
 2  queryData 方法
 3  self.enrollMore_btn.clicked.connect(QueryWindow.enrollMore)  # 连接到 querydata.py 中
 4  enrollMore 方法
 5  self.enrollLess_btn.clicked.connect(QueryWindow.enrollLess)  # 连接到 querydata.py 中
 6  enrollLess 方法
 7  self.markMore_btn.clicked.connect(QueryWindow.markMore)      # 连接到 querydata.py 中
 8  markMore 方法
 9  self.markLess_btn.clicked.connect(QueryWindow.markLess)      # 连接到 querydata.py 中
10  markLess 方法
```

3. querydata.py 的生成

在当前工程下，新建一个名为 querydata.py 的 Python 文件，定义一个 Querydata 类，继承创建的主界面类 Ui_QueryWindow 和 QMainWindow 类，在构造方法中调用类 Ui_QueryWindow 的 setupUI 方法，并定义 queryData、enrollMore、enrollLess、markMore 和 markLess 等方法，分别用于实现查询不同数据的功能。代码如下：

```
 1  from querywindow import Ui_QueryWindow
 2  from PySide2.QtWidgets import *
 3  from tab_model import DataModel
 4  from db_conn import DbConn
 5  class Querydata(QMainWindow,Ui_QueryWindow):
 6      def __init__(self,parent = None):
 7          super(Querydata, self).__init__(parent = parent)
 8          self.setupUi(self)
 9          self.user_model = DataModel() #实例化 DataModel 类的对象,用于在 Table View 中显示数据
10          self.tableView.setModel(self.user_model)
11          self.db = DbConn()
12          self.datas = []
13      def queryData(self):
14      def enrollMore(self):
15      def enrollLess(self):
16      def markMore(self):
17      def markLess(self):
```

注：queryData、enrollMore、enrollLess、markMore 和 markLess 的代码后续添加，第 3 行代码 from tab_model import DataModel 中的 tab_model.py 文件在后面创建。

5.2　数据查询功能实现

在数据查询界面中，设置了两种查询方式：一种是按照输入条件查询，另一种是按照指定条件查询，都用于查询课程的课程名称、开课学校、授课教师、开课时间、结束时间、参加人数、课程评价分数和评价人数等信息。

使用下拉列表框可以设定查询结果的记录数，默认是全部数据，在下拉列表框中可以选择 10 条、20 条和 50 条。

为了把查询结果显示在 Table View 控件中，在当前工程下新建名为 tab_model.py 的 Python 文件，用于自定义数据模型来显示查询结果。

tab_model.py 的代码如下：

```
1   from PySide2.QtCore import QAbstractTableModel,QModelIndex,Qt
2   # 设置数据显示头的名称
3   HEADERS = ('课程', '学校', '教师', '开课时间', '结束时间', '参加人数', '评分', '评价数')
4   CONVERTS_FUNS = [None, ] * len(HEADERS)
5   class DataModel(QAbstractTableModel):
6       def __init__(self, headers = HEADERS):
7           super().__init__()
8           self.datas = []
9           self.headers = headers
10      # 载入数据函数
11      def load(self, datas):
12          self.beginResetModel()
13          self.datas = datas
14          self.endResetModel()
15      # 供视图调用,以获取显示数据
16      def data(self,index,role = Qt.DisplayRole):
17          if (not index.isValid() or not (0 <= index.row() < len(self.datas))):
18              return None
19          row,col = index.row(),index.column()
20          data = self.datas[row]
21          if role == Qt.DisplayRole:
22              item = data[col]
23              return item
24          return None
25      def rowCount(self,index = QModelIndex()):
26          return len(self.datas)
27      def columnCount(self,index = QModelIndex()):
28          return len(self.headers)
29      # 实现标题行的定义
30      def headerData(self,section,orientation,role = Qt.DisplayRole):
31          if role != Qt.DisplayRole:
32              return None
33          if orientation == Qt.Horizontal:
34              return self.headers[section]
35          return int(section + 1)
```

1. 按照输入条件查询

用于从数据库 mooc 的 course 表中查询满足输入条件的课程信息。当不输入任何数据时,查询所有学校所有老师的课程信息;如果只输入学校名称,则查询该学校的课程信息;如果只输入课程名称,则查询该课程的信息;如果只输入授课老师姓名,则查询该老师讲授的所有课程。可以根据输入的学校名称、课程名称和授课老师姓名的内容任意组合进行查询。所有查询均支持模糊查询。

完成以上查询功能的代码放到 Querydata 类中的 queryData()方法里,代码如下:

```python
def queryData(self):
    conn, cursor = self.db.open_conn()
    # 获取文本框输入的文本
    schoolname = self.school_text.toPlainText().strip()
    coursename = self.course_text.toPlainText().strip()
    teacher = self.teacher_text.toPlainText().strip()
    # 获取下拉列表框选中选项的文本
    num = self.num_comboBox.currentText().strip()
    sql = 'select courseName,schoolName,teacherName,startTime,endTime,' \
          'enrollCount,evaluateMark,evaluateCount from course '
    wstr = []  # 查询条件 where 后面的字符串
    if schoolname:
        wstr.append('schoolName like "%{}%"'.format(schoolname))
    if coursename:
        wstr.append('courseName like "%{}%"'.format(coursename))
    if teacher:
        wstr.append('teacherName like "%{}%"'.format(teacher))
    if wstr:
        wstr = ' and '.join(wstr)
        if wstr:
            sql += 'where ' + wstr
    if num and num.isdigit():
        sql += 'limit {}'.format(num)
    sql += ';'
    cursor.execute(sql)
    datas = cursor.fetchall()
    self.datas = [list(d) for d in datas]
    for data in self.datas:
        for i in range(len(data)):
            data[i] = str(data[i])
    self.user_model.load(self.datas)
    self.db.close_conn(conn, cursor)
```

2. 按照指定条件查询

可以查询课程参加人数最多、课程参加人数最少、课程评价分数最高、课程评价分数最低的课程信息。

在 Querydata 类里定义 enrollMore 方法,用于查询所有学校上线的课程中参加人数最

多的 10 门、20 门或 50 门课程信息,或查询参加人数从多到少排序的所有课程信息,代码如下:

```
1   def enrollMore(self):
2       conn, cursor = self.db.open_conn()
3       num = self.num_comboBox.currentText().strip()
4       sql = 'select courseName,schoolName,teacherName,startTime,endTime,enrollCount,' \
5             'evaluateMark,evaluateCount from course order by enrollCount desc '
6       if num and num.isdigit():
7           sql += 'limit {}'.format(num)
8       sql += ';'
9       cursor.execute(sql)
10      datas = cursor.fetchall()
11      self.datas = [list(d) for d in datas]
12      for data in self.datas:
13          for i in range(len(data)):
14              data[i] = str(data[i])
15      self.user_model.load(self.datas)
16      self.db.close_conn(conn, cursor)
```

在 Querydata 类里定义 enrollLess 方法,用于查询所有学校上线的课程中参加人数最少的 10 门、20 门或 50 门课程信息,或查询参加人数从少到多排序的所有课程信息,代码如下:

```
1   def enrollLess(self):
2       conn, cursor = self.db.open_conn()
3       num = self.num_comboBox.currentText().strip()
4       sql = 'select courseName,schoolName,teacherName,startTime,endTime,enrollCount,' \
5             'evaluateMark,evaluateCount from course order by enrollCount '
6       if num and num.isdigit():
7           sql += 'limit {}'.format(num)
8       sql += ';'
9       cursor.execute(sql)
10      datas = cursor.fetchall()
11      self.datas = [list(d) for d in datas]
12      for data in self.datas:
13          for i in range(len(data)):
14              data[i] = str(data[i])
15      self.user_model.load(self.datas)
16      self.db.close_conn(conn, cursor)
```

在 Querydata 类里定义 markMore 方法,用于查询所有学校上线的课程中评价分数最高的 10 门、20 门或 50 门课程信息,或查询评价分数从高到低排序的所有课程信息,代码如下:

```
1   def markMore(self):
2       conn, cursor = self.db.open_conn()
3       num = self.num_comboBox.currentText().strip()
4       sql = 'select courseName,schoolName,teacherName,startTime,endTime,enrollCount,'\
5           'evaluateMark,evaluateCount from course order by evaluateMark desc '
6       if num and num.isdigit():
7           sql += 'limit {}'.format(num)
8       sql += ';'
9       cursor.execute(sql)
10      datas = cursor.fetchall()
11      self.datas = [list(d) for d in datas]
12      for data in self.datas:
13          for i in range(len(data)):
14              data[i] = str(data[i])
15      self.user_model.load(self.datas)
16      self.db.close_conn(conn, cursor)
```

在 Querydata 类里定义 markLess()方法,用于查询所有学校上线的课程中评价分数最低的 10 门、20 门或 50 门课程信息,或查询评价分数从低到高排序的所有课程信息,代码如下:

```
1   def markLess(self):
2       conn, cursor = self.db.open_conn()
3       num = self.num_comboBox.currentText().strip()
4       sql = 'select courseName,schoolName,teacherName,startTime,endTime,enrollCount,'\
5           'evaluateMark,evaluateCount from course order by evaluateMark '
6       if num and num.isdigit():
7           sql += 'limit {}'.format(num)
8       sql += ';'
9       cursor.execute(sql)
10      datas = cursor.fetchall()
11      self.datas = [list(d) for d in datas]
12      for data in self.datas:
13          for i in range(len(data)):
14              data[i] = str(data[i])
15      self.user_model.load(self.datas)
16      self.db.close_conn(conn, cursor)
```

六、数据可视化分析模块

6.1　数据可视化分析界面设计

数据可视化分析界面设计完成后,会生成 visualwindow. ui、visualwindow. py 和 visualdata. py 三个文件。

1. visualwindow.ui 的生成

在 Qt Designer 中设计如图 E1.37 所示的界面。

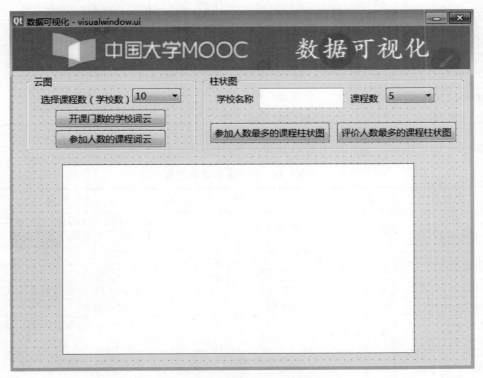

图 E1.37　数据可视化分析界面

在主窗体容器内添加的控件及其属性值如表 E1.8 所示。

表 E1.8　主窗体容器与控件

对象名称	属性	属性值	说明
VisualWindow	windowTitle	数据可视化	主窗体容器,设置窗体显示标题
	geometry	650×500	设置窗体大小
	font/Family	微软雅黑	设置窗体内文本字体
	font/Size	10	设置窗体内文本字号
top_label	text	数据可视化	Label 标签控件,设置显示内容
	geometry	650×64	设置标签大小
	styleSheet	color: rgb（255，255，255）;\nbackground-image: url（:/a/F:/中国大学 MOOC 课程数据爬取及分析系统/top.jpg）;	设置标签背景图片和字体颜色
graphicsView	geometry	500×280	Graphics View 控件,用于显示绘制的云图和饼图

在主窗体中添加绘制云图的容器和控件,如表 E1.9 所示。

表 E1.9　云图容器和控件

对 象 名 称	属 性	属 性 值	说 明
cloud_groupbox	geometry	240×111	Group Box 控件,作为绘制云图容器,用于放置如下 4 个控件
	title	云图	设置显示信息
wordnum_label	text	选择词云单词数	Label 标签控件
wordnum_combobox	currentText	10	Combo Box 组合框控件,设置当前值
schoolcloud_btn	text	开课门数的学校词云	Push Button 控件
coursecloud_btn	text	参加人数的课程词云	Push Button 控件

在主窗体中添加绘制柱状图的容器和控件,如表 E1.10 所示。

表 E1.10　柱状图容器和控件

对 象 名 称	属 性	属 性 值	说 明
pie_groupbox	geometry	351×111	Group Box 控件,作为绘制柱状图容器,用于放置如下 6 个控件
	title	柱状图	设置显示信息
school_label	text	学校名称	Label 标签控件
school_text	geometry	120×30	Text Edit 控件,用于输入学校名称
coursenum_label	text	课程数	Label 标签控件
coursenum _combobox	currentText	5	Combo Box 组合框控件,设置当前值
enrollbar_btn	text	参加人数最多的课程柱状图	Push Button 控件
evaluatebar_btn	text	评价人数最多的课程柱状图	Push Button 控件

把设计好的窗体文件保存到当前工程的文件夹下,命名为 visualwindow.ui。

2. visualwindow.py 的生成

在 PyCharm 开发环境中选择 visualwindow.ui 文件,然后选择 Tools→External Tools→PyUIC 命令,生成 visualwindow.py 文件。

visualwindow.py 的代码如下:

```
1   from PySide2.QtCore import (QCoreApplication, QDate, QDateTime, QMetaObject,
2       QObject, QPoint, QRect, QSize, QTime, QUrl, Qt)
3   from PySide2.QtGui import (QBrush, QColor, QConicalGradient, QCursor, QFont,
4       QFontDatabase, QIcon, QKeySequence, QLinearGradient, QPalette, QPainter,
5       QPixmap, QRadialGradient)
6   from PySide2.QtWidgets import *
7   import image_rc
8   class Ui_VisualWindow(object):
9       def setupUi(self, VisualWindow):
10          if not VisualWindow.objectName():
```

```
11              VisualWindow.setObjectName(u"VisualWindow")
12          VisualWindow.resize(650, 500)
13          font = QFont()
14          font.setFamily(u"\u5fae\u8f6f\u96c5\u9ed1")
15          font.setPointSize(10)
16          VisualWindow.setFont(font)
17          self.centralwidget = QWidget(VisualWindow)
18          self.centralwidget.setObjectName(u"centralwidget")
19          self.top_label = QLabel(self.centralwidget)
20          self.top_label.setObjectName(u"top_label")
21          self.top_label.setGeometry(QRect(0, 0, 650, 64))
22          font1 = QFont()
23          font1.setFamily(u"\u6977\u4f53")
24          font1.setPointSize(28)
25          font1.setBold(True)
26          font1.setWeight(75)
27          self.top_label.setFont(font1)
28          self.top_label.setStyleSheet(u"color: rgb(255, 255, 255);\n"
29  "background-image:
30  url(:/a/F:/\u4e2d\u56fd\u5927\u5b66MOOC\u8bfe\u7a0b\u6570\u636e\u722c\u53d6\u53ca\u5206
31  \u6790\u7cfb\u7edf/top.jpg);")
32          self.cloud_groupbox = QGroupBox(self.centralwidget)
33          self.cloud_groupbox.setObjectName(u"cloud_groupbox")
34          self.cloud_groupbox.setGeometry(QRect(20, 70, 240, 111))
35          self.wordnum_label = QLabel(self.cloud_groupbox)
36          self.wordnum_label.setObjectName(u"wordnum_label")
37          self.wordnum_label.setGeometry(QRect(20, 20, 181, 31))
38          self.wordnum_combobox = QComboBox(self.cloud_groupbox)
39          self.wordnum_combobox.addItem("")
40          self.wordnum_combobox.addItem("")
41          self.wordnum_combobox.addItem("")
42          self.wordnum_combobox.addItem("")
43          self.wordnum_combobox.addItem("")
44          self.wordnum_combobox.setObjectName(u"wordnum_combobox")
45          self.wordnum_combobox.setGeometry(QRect(150, 20, 69, 21))
46          self.coursecloud_btn = QPushButton(self.cloud_groupbox)
47          self.coursecloud_btn.setObjectName(u"coursecloud_btn")
48          self.coursecloud_btn.setGeometry(QRect(40, 80, 158, 27))
49          self.schoolcloud_btn = QPushButton(self.cloud_groupbox)
50          self.schoolcloud_btn.setObjectName(u"schoolcloud_btn")
51          self.schoolcloud_btn.setGeometry(QRect(40, 50, 158, 27))
52          self.pie_groupbox = QGroupBox(self.centralwidget)
53          self.pie_groupbox.setObjectName(u"pie_groupbox")
54          self.pie_groupbox.setGeometry(QRect(270, 70, 371, 111))
55          self.school_label = QLabel(self.pie_groupbox)
56          self.school_label.setObjectName(u"school_label")
57          self.school_label.setGeometry(QRect(20, 20, 71, 31))
58          self.school_text = QTextEdit(self.pie_groupbox)
59          self.school_text.setObjectName(u"school_text")
60          self.school_text.setGeometry(QRect(80, 20, 120, 30))
```

```
61          self.enrollbar_btn = QPushButton(self.pie_groupbox)
62          self.enrollbar_btn.setObjectName(u"enrollbar_btn")
63          self.enrollbar_btn.setGeometry(QRect(10, 70, 171, 31))
64          self.coursenum_label = QLabel(self.pie_groupbox)
65          self.coursenum_label.setObjectName(u"coursenum_label")
66          self.coursenum_label.setGeometry(QRect(210, 20, 71, 31))
67          self.coursenum_combobox = QComboBox(self.pie_groupbox)
68          self.coursenum_combobox.addItem("")
69          self.coursenum_combobox.addItem("")
70          self.coursenum_combobox.setObjectName(u"coursenum_combobox")
71          self.coursenum_combobox.setGeometry(QRect(260, 20, 69, 22))
72          self.evaluatebar_btn = QPushButton(self.pie_groupbox)
73          self.evaluatebar_btn.setObjectName(u"evaluatebar_btn")
74          self.evaluatebar_btn.setGeometry(QRect(190, 70, 171, 31))
75          self.graphicsView = QGraphicsView(self.centralwidget)
76          self.graphicsView.setObjectName(u"graphicsView")
77          self.graphicsView.setGeometry(QRect(70, 201, 501, 281))
78          VisualWindow.setCentralWidget(self.centralwidget)
79          self.retranslateUi(VisualWindow)
80          QMetaObject.connectSlotsByName(VisualWindow)
81      # setupUi
82      def retranslateUi(self, VisualWindow):
83          VisualWindow.setWindowTitle(QCoreApplication.translate("VisualWindow", u"\u6570\
84  \u636e\u53ef\u89c6\u5316", None))
85          self.top_label.setText(QCoreApplication.translate("VisualWindow", u" \u6570\u636e
86  \u53ef\u89c6\u5316", None))
87          self.cloud_groupbox.setTitle(QCoreApplication.translate("VisualWindow", u"\u4e91
88  \u56fe", None))
89          self.wordnum_label.setText(QCoreApplication.translate("VisualWindow", u"\u9009\
90  \u62e9\u8bfe\u7a0b\u6570\uff08\u5b66\u6821\u6570\uff09", None))
91          self.wordnum_combobox.setItemText(0, QCoreApplication.translate("VisualWindow",
92  u"10", None))
93          self.wordnum_combobox.setItemText(1, QCoreApplication.translate("VisualWindow",
94  u"20", None))
95          self.wordnum_combobox.setItemText(2, QCoreApplication.translate("VisualWindow",
96  u"30", None))
97          self.wordnum_combobox.setItemText(3, QCoreApplication.translate("VisualWindow",
98  u"50", None))
99          self.wordnum_combobox.setItemText(4, QCoreApplication.translate("VisualWindow",
100 u"100", None))
101         self.wordnum_combobox.setCurrentText(QCoreApplication.translate("VisualWindow",
102 u"10", None))
103         self.coursecloud_btn.setText(QCoreApplication.translate("VisualWindow", u"\u53c2
104 \u52a0\u4eba\u6570\u7684\u8bfe\u7a0b\u8bcd\u4e91", None))
105         self.schoolcloud_btn.setText(QCoreApplication.translate("VisualWindow", u"\u5f00
106 \u8bfe\u95e8\u6570\u7684\u5b66\u6821\u8bcd\u4e91", None))
107         self.pie_groupbox.setTitle(QCoreApplication.translate("VisualWindow", u"\u997c\
108 \u56fe", None))
109         self.school_label.setText(QCoreApplication.translate("VisualWindow", u"\u5b66\
110 \u6821\u540d\u79f0", None))
```

```
111      self.enrollbar_btn.setText(QCoreApplication.translate("VisualWindow", u"\u53c2\
112  u52a0\u4eba\u6570\u6700\u591a\u7684\u8bfe\u7a0b\u67f1\u72b6\u56fe", None))
113      self.coursenum_label.setText(QCoreApplication.translate("VisualWindow", u"\u8bfe
114  \u7a0b\u6570", None))
115      self.coursenum_combobox.setItemText(0, QCoreApplication.translate("VisualWindow",
116  u"5", None))
117      self.coursenum_combobox.setItemText(1, QCoreApplication.translate("VisualWindow",
118  u"10", None))
119      self.evaluatebar_btn.setText(QCoreApplication.translate("VisualWindow", u"\u8bc4
120  \u4ef7\u4eba\u6570\u6700\u591a\u7684\u8bfe\u7a0b\u67f1\u72b6\u56fe", None))
121      # retranslateUi
```

注意：在 visualwindow.py 文件中可以看到主窗体类名为 Ui_VisualWindow。为了实现单击界面上的"开课门数的学校词云""参加人数的课程词云""参加人数最多的课程柱状图""评价人数最多的课程柱状图"按钮时，能够分别完成 visualdata.py 文件中 Visualdata 类下定义的 schoolCloud、courseCloud、enrollBar 和 evaluateBar 的功能，需要建立 schoolcloud_btn、coursecloud_btn、enrollbar_btn 和 evaluatebar_btn 按钮的 clicked() 信号连接，在 Ui_VisualWindow 类的 setupUi 方法中添加如下代码：

```
1  self.schoolcloud_btn.clicked.connect(VisualWindow.schoolCloud)      # 连接到 visualdata.
2  py 中的 schoolCloud()方法
3  self.coursecloud_btn.clicked.connect(VisualWindow.courseCloud)      # 连接到 visualdata.
4  py 中的 courseCloud()方法
5  self.enrollbar_btn.clicked.connect(VisualWindow.enrollBar)          # 连接到 visualdata.
6  py 中的 enrollBar()方法
7  self.evaluatebar_btn.clicked.connect(VisualWindow.evaluateBar)      # 连接到 visualdata.
8  py 中的 evaluateBar()方法
```

3. visualdata.py 的生成

在当前工程下，新建一个名为 visualdata.py 的 Python 文件，定义一个 Visualdata 类，继承创建的主界面类 Ui_VisualWindow 和 QMainWindow 类，在构造方法中调用类 Ui_VisualWindow 的 setupUI 方法，并定义 def word_cloud、schoolCloud、courseCloud、enrollBar 和 evaluateBar 方法，分别用于实现生成词云、绘制开课门数最多的学校词云、参加人数最多的课程词云、参加人数最多的课程柱状图和评价人数最多的课程柱状图。代码如下：

```
1  from visualwindow import Ui_VisualWindow
2  from PySide2.QtWidgets import *
3  from db_conn import DbConn
4  from wordcloud import WordCloud
5  import matplotlib.pyplot as plt
6  from matplotlib.backends.backend_qt5agg import FigureCanvasQTAgg as FigureCanvas
7  class Visualdata(QMainWindow,Ui_VisualWindow):
8      def __init__(self,parent = None):
9          super(Visualdata, self).__init__(parent = parent)
10         self.setupUi(self)
```

```
11          self.db = DbConn()
12          # 添加 rc 参数 实现在图形中显示中文
13          plt.rcParams["font.sans - serif"] = "SimHei"
14          plt.rcParams["axes.unicode_minus"] = False
15      def word_cloud(self,data,number):
16      def schoolCloud(self):
17      def courseCloud(self):
18      def enrollBar(self):
19      def evaluateBar(self):
```

注：word_cloud、schoolCloud、courseCloud 和 enrollBar 的代码后续添加。

6.2　数据可视化分析

在数据可视化分析界面中，设置了两种数据可视化方法：词云和柱状图。

绘制的词云和柱状图默认是弹窗显示，为了把绘制的词云和柱状图显示在数据可视化分析界面的 graphicsView 控件里，需要定义一个 matplotlib 图形绘制类 MyFigureCanvas，通过继承 FigureCanvas 类，使得该类既是一个 Pyside2 的 Qwidget，又是一个 matplotlib 的 FigureCanvas，这是连接 Pyside2 与 matplotlib 的关键。

MyFigureCanvas 类的代码如下：

```
1  class MyFigureCanvas(FigureCanvas):
2      def __init__(self, width, height, dpi = 100):
3          # 创建一个 figure,该 figure 为 matplotlib 下面的 figure,不是 matplotlib.pyplot 下面
4  的 figure
5          self.fig = plt.figure(figsize = (width, height), dpi = dpi)
6          # 在父类中激活 Figure 窗口,此句必不可少,否则不能显示图形
7          super(MyFigureCanvas,self).__init__(self.fig)
8          # 调用 figure 下面的 add_subplot 方法,类似于 matplotlib.pyplot 下面的 subplot(1,1,1)方法
9          self.axes = self.fig.add_subplot(111)
```

注意：第 4 行代码中的 figure，不能写成 Figure，否则在控件中不显示词云。

在 schoolCloud、courseCloud、enrollBar 和 evaluateBar 方法中分别创建 MyFigureCanvas 的一个实例，代码如下：

```
1  self.figure_visual = MyFigureCanvas(width = self.graphicsView.width() / 101,
2                              height = self.graphicsView.height() / 101, dpi = 100)
```

在 schoolCloud、courseCloud、enrollBar 和 evaluateBar 方法中把绘制的图形显示到 graphicsView 控件中。加载的图形不能直接放到 QGraphicView 控件中，必须先放到 QGraphicScene 中，然后再把 QGraphicScene 放到 QGraphicView 中。代码如下：

```
1  self.graphic_scene = QGraphicsScene()              # 创建一个 QGraphicsScene
2  self.graphic_scene.addWidget(self.figure_visual)   # 把图形放到 QGraphicsScene 中
3  self.graphicsView.setScene(self.graphic_scene)     # 把 QGraphicsScene 放入 QGraphicsView
4  self.graphicsView.show()                           # 调用 show 方法呈现图形
```

1. 绘制词云

在下拉列表框中可以选择绘制词云的学校名称个数或课程名称个数，默认是 10，还可以选择 20、30、50、100。

使用 wordcloud 库生成词云。由于 wordcloud 库是第三方库，所以使用之前需要执行"pip install wordcloud"进行安装。

生成词云首先要实例化一个 WordCloud 类，并设置词云参数，然后使用 generate_from _frequencies 方法，根据词频生成词云。

生成词云的代码放到 word_cloud 方法里，代码如下：

```
1  def word_cloud(self,data,number):
2      # 配置词云参数
3      wc = WordCloud(
4          font_path = 'C:\\windows\\Fonts\\STSONG.TTF',  # 设置字体
5          background_color = 'white',  # 设置背景色
6          max_words = number,  # 允许最大词汇
7          max_font_size = 50,  # 最大号字体
8          random_state = 100,  # 为每个单词返回一个 PIL 颜色
9          )
10     # 生成词云
11     wc.generate_from_frequencies(data)
12     return wc
```

绘制开课门数的学校词云是把学校的开课门数作为绘制学校名称词云的词频，学校名称和开课门数的数据从 school 表中读取。由于生成词云的 generate_from_frequencies 方法的参数是字典，而使用 fetchall 方法从数据库中读取的数据是元组，元组不可以直接转换为字典，要先转换为列表，再生成字典的形式。

绘制学校名称词云的代码放到 schoolCloud 方法里，代码如下：

```
1  def schoolCloud(self):
2      # 实例化一个 FigureCanvas
3      self.figure_visual = MyFigureCanvas(width = self.graphicsView.width() / 101,
4                                    height = self.graphicsView.height() / 101, dpi = 100)
5      conn, cursor = self.db.open_conn()
6      sc_name = []
7      sc_count = []
8      # 获取下拉列表框选中选项的文本
9      num = self.wordnum_combobox.currentText().strip()
10     cursor.execute("select schoolName,courseTotleCount from school")
11     results = cursor.fetchall()
12     # 把从数据库中读取的元组数据转换为列表
13     for i in results:
14         sc_name.append(i[0])
15         sc_count.append(i[1])
16     # 把两个列表数据转换为字典
17     dic = dict(zip(sc_name, sc_count))
```

```
18    ＃ 调用 word_cloud()方法生成词云
19    wc = self.word_cloud(dic,int(num))
20    ＃ 由于图片需要反复绘制,所以每次绘制前清空,然后绘图
21    self.figure_visual.axes.clear()
22    self.figure_visual.axes.set_title('开课门数最多的学校名称词云') ＃ 云图的标题
23    plt.imshow(wc)
24    plt.axis('off') ＃关闭坐标轴
25    ＃ 在 graphicview 控件中显示词云
26    self.graphic_scene = QGraphicsScene()
27    self.graphic_scene.addWidget(self.figure_visual)
28    self.graphicsView.setScene(self.graphic_scene)
29    self.graphicsView.show()
```

绘制参加人数的课程词云是把课程参加人数作为绘制课程名称词云的词频,课程名称和课程参加人数的数据从 course 表中读取。

绘制课程名称词云的代码放到 courseCloud 方法里,代码如下:

```
1     def courseCloud(self):
2         ＃ 实例化一个 FigureCanvas
3         self.figure_visual = MyFigureCanvas(width = self.graphicsView.width() / 101,
4                                             height = self.graphicsView.height() / 101, dpi = 100)
5         conn, cursor = self.db.open_conn()
6         cs_name = []
7         cs_count = []
8         ＃ 获取下拉列表框选中选项的文本
9         num = self.wordnum_combobox.currentText().strip()
10        cursor.execute("select courseName,enrollCount from course")
11        results = cursor.fetchall()
12        ＃ 把从数据库中读取的元组数据转换为列表
13        for i in results:
14            cs_name.append(i[0])
15            cs_count.append(i[1])
16        ＃ 把两个列表数据转换为字典
17        dic = dict(zip(cs_name, cs_count))
18        ＃ 调用 word_cloud()方法绘制词云
19        wc = self.word_cloud(dic,int(num))
20        ＃ 由于图片需要反复绘制,所以每次绘制前清空,然后绘图
21        self.figure_visual.axes.clear()
22        self.figure_visual.axes.set_title('参加人数最多的课程名称词云')        ＃ 云图的标题
23        plt.imshow(wc)
24        ＃ 在 graphicview 控件中显示词云
25        self.graphic_scene = QGraphicsScene()
26        self.graphic_scene.addWidget(self.figure_visual)
27        self.graphicsView.setScene(self.graphic_scene)
28        self.graphicsView.show()
```

2. 绘制柱状图

在下拉列表框中可以选择绘制柱状图的课程数,可选 5 或 10,默认是 5。

　　在文本框中输入学校名称，则绘制的是该学校参加人数最多或评价人数最多的课程的柱状图，如果不输入任何数据，则绘制的是所有学校参加人数最多或评价人数最多的课程的柱状图。

　　matplotlib 库是 Python 中常用的可视化工具包，由于是第三方库，所以使用前需要执行"pip install matplotlib"命令进行安装。本系统使用 matplotlib.pyplot 子库中的 bar 方法绘制柱状图，bar()的语法格式如下：

```
bar(x,y,width.color)
```

其中，x 为横坐标标签，y 为与 x 对应的柱子高度，width 为柱子宽度（默认为 0.8），color 为柱子颜色。

　　绘制参加人数最多的课程柱状图的代码放到 enrollBar 方法里，代码如下：

```
 1  def enrollBar(self):
 2      # 实例化一个 FigureCanvas,用于在控件中显示柱状图
 3      self.figure_visual = MyFigureCanvas(width = self.graphicsView.width() / 101,
 4                                          height = self.graphicsView.height() / 101, dpi = 100)
 5      conn, cursor = self.db.open_conn()
 6      cs_name = []
 7      cs_count = []
 8      schoolname = self.school_text.toPlainText().strip()  # 获取文本框输入的文本
 9      num = self.coursenum_combobox.currentText().strip()  # 获取下拉列表框选中选项的文本
10      # 读取 course 表中满足条件的课程数据
11      sql = 'select courseName,enrollCount from course '
12      if schoolname:
13          sql += 'where ' + 'schoolName like "%{}%"'.format(schoolname)
14      sql += ' order by enrollCount desc '
15      if num and num.isdigit():
16          sql += 'limit {}'.format(num)
17      sql += ';'
18      cursor.execute(sql)
19      results = cursor.fetchall()
20      for i in results:
21          cs_name.append(i[0])
22          cs_count.append(i[1])
23      self.figure_visual.axes.clear()  # 由于图片需要反复绘制,所以每次绘制前清空,然后绘图
24      self.figure_visual.axes.set_title('参加人数最多的课程柱状图')  # 柱状图的标题
25      plt.xticks(rotation = 20)  # 倾斜显示 x 轴标签
26      plt.bar(x = cs_name, height = cs_count)  # 绘制柱状图
27      xticks = self.figure_visual.axes.get_xticks()  # 获取 x 轴标签信息
28      # 每根柱子上方添加数值标签
29      for i in range(len(xticks)):
30          xy = (xticks[i], cs_count[i])
31          s = str(cs_count[i])
32          self.figure_visual.axes.annotate(
33              s = s,  # 要添加的文本
34              xy = xy,  # 将文本添加到哪个位置
35              fontsize = 12,  # 标签大小
36              color = "blue",  # 标签颜色
```

```
37              ha = "center",  # 水平对齐
38              va = "baseline"  # 垂直对齐
39          )
40      # 在 graphicview 控件中显示柱状图
41      self.graphic_scene = QGraphicsScene()
42      self.graphic_scene.addWidget(self.figure_visual)
43      self.graphicsView.setScene(self.graphic_scene)
44      self.graphicsView.show()
```

绘制评价人数最多的课程柱状图的代码放到 evaluateBar 方法里，代码如下：

```
1   def evaluateBar(self):
2       # 实例化一个 FigureCanvas,用于在控件中显示柱状图
3       self.figure_visual = MyFigureCanvas(width = self.graphicsView.width() / 101,
4                                           height = self.graphicsView.height() / 101, dpi = 100)
5       conn, cursor = self.db.open_conn()
6       cs_name = []
7       cs_count = []
8       schoolname = self.school_text.toPlainText().strip()  # 获取文本框输入的文本
9       num = self.coursenum_combobox.currentText().strip()  # 获取下拉列表框选中选项的文本
10      # 读取 course 表中满足条件的课程数据
11      sql = 'select courseName,evaluateCount from course '
12      if schoolname:
13          sql += 'where ' + 'schoolName like " % {} % "'.format(schoolname)
14      sql += ' order by evaluateCount desc '
15      if num and num.isdigit():
16          sql += 'limit {}'.format(num)
17      sql += ';'
18      cursor.execute(sql)
19      results = cursor.fetchall()
20      for i in results:
21          cs_name.append(i[0])
22          cs_count.append(i[1])
23      self.figure_visual.axes.clear()  # 由于图片需要反复绘制,所以每次绘制前清空,然后绘图
24      self.figure_visual.axes.set_title('评价人数最多的课程柱状图')  # 柱状图的标题
25      plt.xticks(rotation = 20)  # 倾斜显示 x 轴标签
26      plt.bar(x = cs_name, height = cs_count)  # 绘制柱状图
27      xticks = self.figure_visual.axes.get_xticks()  # 获取 x 轴标签信息
28      # 每根柱子上方添加数值标签
29      for i in range(len(xticks)):
30          xy = (xticks[i], cs_count[i])
31          s = str(cs_count[i])
32          self.figure_visual.axes.annotate(
33              s = s,  # 要添加的文本
34              xy = xy,  # 将文本添加到哪个位置
35              fontsize = 12,  # 标签大小
36              color = "blue",  # 标签颜色
37              ha = "center",  # 水平对齐
38              va = "baseline"  # 垂直对齐
39          )
```

40	♯在graphicview控件中显示柱状图
41	self.graphic_scene = QGraphicsScene()
42	self.graphic_scene.addWidget(self.figure_visual)
43	self.graphicsView.setScene(self.graphic_scene)
44	self.graphicsView.show()

七、小结

　　本实训通过设计和实现一个中国大学 MOOC 网课程数据爬取及分析系统,详细讲解了 Python 的图形用户界面、数据库编程、网络爬虫、数据分析和可视化等技术的使用方法。希望通过本实例,大家能够将所学知识融会贯通,进一步提高编程能力,为今后的项目开发积累经验。

实训 2

Python智能应用
——智慧课堂点名系统

一、系统介绍

1.1 系统功能

本系统模拟实现一款课堂点名软件,学生在上课前只需通过人脸识别即可快速完成签到,老师可以从统计页面上统计学生的出勤情况,可有效防止替点名等作弊行为。系统主要包括人脸注册、人脸签到以及查看签到三大功能,系统运行主界面如图 E2.1 所示。

图 E2.1　智慧课堂点名系统主界面

1.2 系统开发环境

(1) 软件版本。
- Python 3.7 及以上。
- PyCharm 2021.3.1 及以上。

(2) 需要安装的模块。
- PyQt5。
- PyQt5-tools。
- 人脸识别 SDK(Python 版)。

(3) Pycharm 中配置 PyQt5 的开发环境。

采用添加外部工具的方法配置 PyQt5 的开发环境,添加 QtDesinger 用于界面设计,添加 PyUIC 用于编译 UI 文件编程 py 文件。
- 添加 QtDesinger。

选择 Pycharm → File → Settings → Tools → External Tools 命令,单击"＋"号,按照图 E2.2 和图 E2.3 设置外部工具 QtDesinger 和 PyUIC。

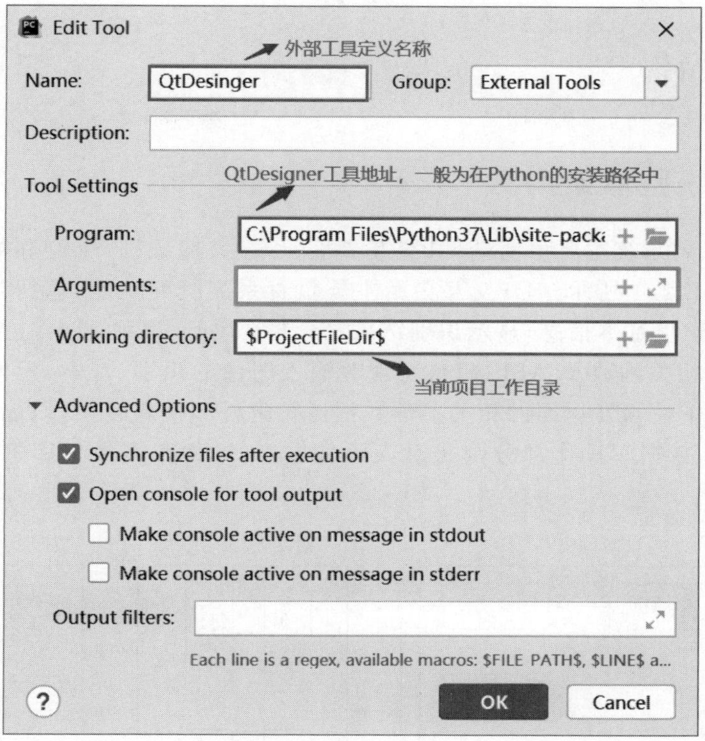

图 E2.2　QtDesinger 配置

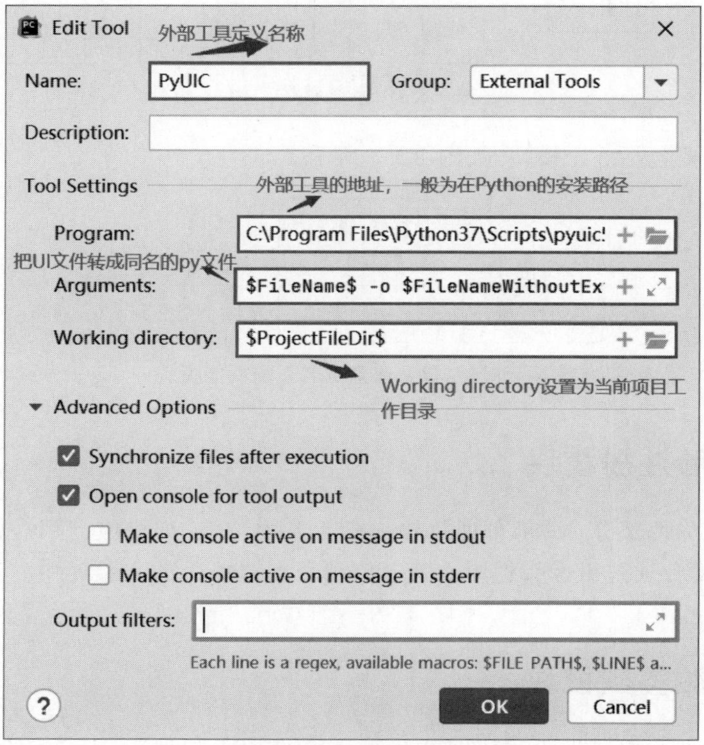

图 E2.3　PyUIC 配置

二、系统设计

2.1 系统整体架构

智慧课堂点名系统主要由前端 UI 交互界面、后端人脸识别 SDK 和数据库操作 3 个部分组成,如图 E 2.4 所示。UI 交互界面主要负责系列交互功能,包括拍照或选择本地图像文件,输入学生基本信息,显示识别结果等;人脸注册、识别 SDK 主要负责调用百度AI 平台 SDK 中相关函数及 API 接口,实现对输入图像的识别、搜索,返回识别的可能结果及相关属性,并对 API 返回的相关参数数据进行解析和格式转换,以能够在 UI 界面较好地展示结果。数据库操作部分则是对人脸数据库、本地点名数据库进行数据存取、修改操作。

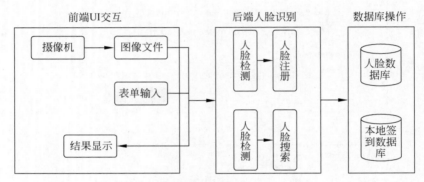

图 E2.4 系统整体架构

系统功能主要包括 3 个模块,如图 E2.5 所示。

图 E2.5 智慧课堂点名系统功能模块

2.2 人脸注册模块

人脸注册分为两部分:一部分通过输入学生基本信息,如班级、学号、姓名等录入本地数据库中,另一部分通过摄像头把同人脸上传到百度智能云的人脸库中。具体注册流程如图 E2.6 所示。

2.3 人脸签到模块

本模块分为 3 个主要步骤,如图 E2.7 所示,首先打开摄像头,进行人脸采集;然后通过

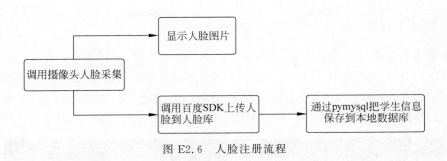

图 E2.6　人脸注册流程

人脸检测获取人脸信息,反馈性别、年龄、表情、颜值、情绪等信息;最后在人脸库中搜索最匹配的人脸进行人脸识别身份识别,并把签到信息写入本地数据库。

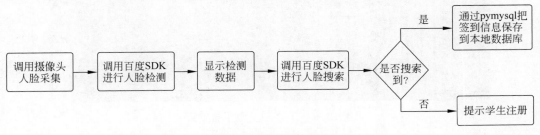

图 E2.7　人脸签到流程

2.4　查看签到模块

如图 E2.8 所示,签到查看模块主要把本地数据库中签到学生、签到时间等信息展示在表格中。

图 E2.8　查看签到流程

2.5　退出

关闭摄像头、数据库连接,并退出应用程序。

三、关键技术

3.1　百度 SDK

百度 AI 开放平台(https://ai.baidu.com/)提供了全球领先的语音、图像、NLP 等多项人工智能技术,本系统采用百度 SDK 方式实现人脸注册、检测、搜索等功能,具体步骤如下:

1. 注册成为百度智能云开发用户

新注册或者使用已有的百度账号登录百度 AI 开放平台,如图 E2.9 所示;单击"控制台",注册成为百度智能云用户,如图 E2.10 所示;单击"管理控制台"进入个人控制台创建应用,如图 E2.11 所示,可以选择不同类型的应用,如人脸识别、人体分析、文字识别、图像识别等,用户可以根据系统需求自行选择应用类别,本系统选择"人脸识别"类。

图 E2.9　百度 AI 开放平台首页

图 E2.10　百度智能云开发注册

2. 创建应用

如图 E2.11 所示,进入百度智能云的个人用户"管理中心"界面之后,单击左侧导航栏的"人脸识别",进入个人用户的"人脸识别"应用概览页面,如图 E2.12(a)所示,左侧导航栏是相关资源介绍,包括在线 API、离线 SDK、相关应用场景的方案以及供开发者参考的技术文档。右侧主要显示用户已经建立的应用、API 调用情况和申请的免费资源列表。用户单击"创建应用"按钮,申请建立新的应用,选择功能接口,如图 E2.13 所示,填写完整信息之后,单击"立即创建"按钮,创建成功之后,单击应用列表即可查看应用详情,如图 E2.12(b)所示,获取应用的AppID、API Key、Secret Key 等信息,这些信息在系统开发过程中会用到,请妥善保存。

图 E2.11　个人用户管理中心界面

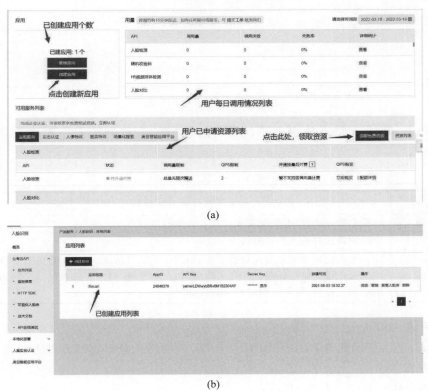

(a)

(b)

图 E2.12　应用概览界面

3．SDK 安装和接口

1）SDK 安装

安装使用 Python SDK 有如下方式：

- 如果已安装 pip，则执行 pip install baidu-aip。
- 如果已安装 setuptools，则执行 python setup.py install。

2）SDK 接口功能说明

百度智能云提供了 Python 版本的人脸识别接口，本接口包括人脸检测、人脸比对、人

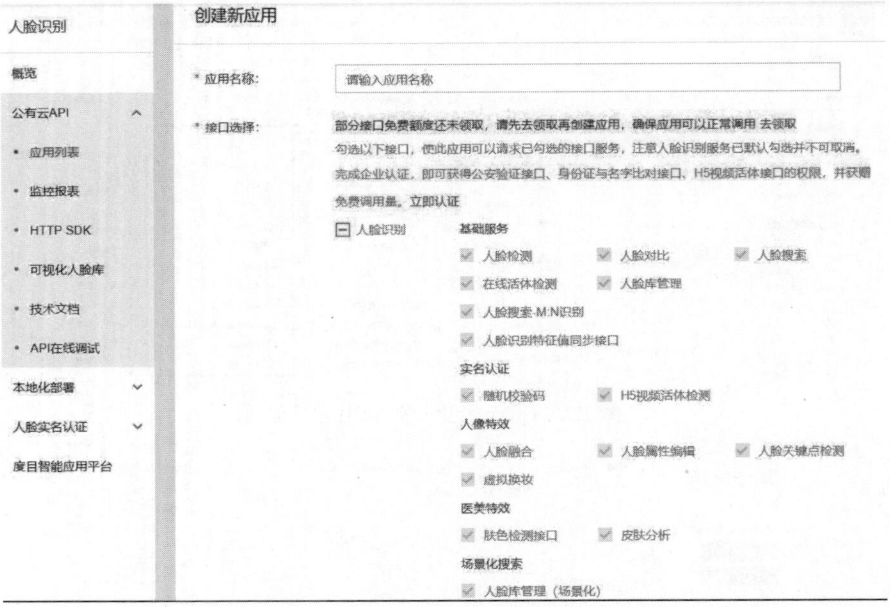

图 E2.13　创建新应用界面

脸查找等功能,其中人脸查找由人脸注册、人脸更新、人脸删除等一系列接口组成,如表 E2.1 所示。

表 E2.1　接口描述

接 口 名 称	接口能力简要描述
人脸检测	检测人脸并定位,返回五官关键点及人脸各属性值
人脸比对	返回两两比对的人脸相似值
人脸查找	在一个人脸集合中找到相似的人脸,由一系列接口组成,包括人脸识别、人脸认证、人脸库管理相关接口(人脸注册、人脸更新、人脸删除、用户信息查询、组列表查询、组内用户列表查询、组间复制用户、组内删除用户)

(1) 新建 AipFace。

AipFace 是人脸识别的 Python SDK 客户端,为使用人脸识别的开发人员提供了一系列的交互方法。

参考如下代码新建一个 AipFace:

```
1   from aip import AipFace
2
3   """ 你的 APPID AK SK """
4   APP_ID = '你的 App ID'
5   API_KEY = '你的 Api Key'
6   SECRET_KEY = '你的 Secret Key'
7
8   client = AipFace(APP_ID, API_KEY, SECRET_KEY)
```

在上面的代码中,常量 APP_ID 在百度云控制台中创建,常量 API_KEY 与 SECRET_

KEY 是在创建完毕应用后,系统分配给用户的,均为字符串,用于标识用户,为访问做签名验证,可在 AI 服务控制台中的应用列表中查看。

注意:如果您是百度云的老用户,那么 API_KEY 对应百度云的 Access Key ID,SECRET_KEY 对应百度云的 Access Key Secret。

(2) 人脸检测。

人脸检测即检测图片中的人脸并标记出位置信息。

```
1   image = "取决于 image_type 参数,传入 BASE64 字符串或 URL 字符串或 FACE_TOKEN 字符串"
2   imageType = "BASE64"
3
4   """ 调用人脸检测 """
5   client.detect(image, imageType);
6   """ 如果有可选参数 """
7   options = {}
8   options["face_field"] = "age"
9   options["max_face_num"] = 2
10  options["face_type"] = "LIVE"
11  options["liveness_control"] = "LOW"
12
13  """ 带参数调用人脸检测 """
14  client.detect(image, imageType, options)
```

(3) 人脸搜索。

- 1∶N 人脸搜索:也称为 1∶N 识别,在指定人脸集合中,找到最相似的人脸;
- 1∶N 人脸认证:基于 uid 维度的 1∶N 搜索,由于 uid 已经锁定固定数量的人脸,所以检索范围更聚焦;
- 1∶N 人脸搜索与 1∶N 人脸认证的差别在于:人脸搜索是在指定人脸集合中进行直接的人脸检索操作,而人脸认证是基于 uid,先调取这个 uid 对应的人脸,再在这个 uid 对应的人脸集合中进行检索(因为每个 uid 通常对应的只有一张人脸,所以通常也就变为了 1∶1 对比);在实际应用中,人脸认证需要用户或系统先输入 id,这增加了验证安全度,但也增加了复杂度,具体使用哪个接口需要根据业务场景来判断。

```
1   image = "取决于 image_type 参数,传入 BASE64 字符串或 URL 字符串或 FACE_TOKEN 字符串"
2
3   imageType = "BASE64"
4   groupIdList = "3,2"
5
6   """ 调用人脸搜索 """
7   client.search(image, imageType, groupIdList);
8
9   """ 如果有可选参数 """
10  options = {}
11  options["max_face_num"] = 3
12  options["match_threshold"] = 70
13  options["quality_control"] = "NORMAL"
14  options["liveness_control"] = "LOW"
```

```
15  options["user_id"] = "233451"
16  options["max_user_num"] = 3
17
18  """ 带参数调用人脸搜索 """
19  client.search(image, imageType, groupIdList, options)
```

（4）人脸注册。

用于从人脸库中新增用户，可以设定多个用户所在组，及组内用户的人脸图片，典型应用场景是会员人脸注册、已有用户补全人脸信息等。

```
1   image = "取决于 image_type 参数,传入 BASE64 字符串或 URL 字符串或 FACE_TOKEN 字符串"
2
3   imageType = "BASE64"
4   groupId = "group1"
5   userId = "user1"
6
7   """ 调用人脸注册 """
8   client.addUser(image, imageType, groupId, userId);
9
10  """ 如果有可选参数 """
11  options = {}
12  options["user_info"] = "user's info"
13  options["quality_control"] = "NORMAL"
14  options["liveness_control"] = "LOW"
15  options["action_type"] = "REPLACE"
16
17  """ 带参数调用人脸注册 """
18  client.addUser(image, imageType, groupId, userId, options)
```

3.2　人脸库建立

如图 E2.14 所示，单击左侧导航栏的"可视化人脸库"，建立本系统的人脸库，如图 E2.15 所示，新建组，然后在新建的组中新建用户，这里有两种方式完成用户新建：一种方式是在此处通过百度智能云提供的界面，输入用户 ID 和照片；第二种方式是通过人脸注册 SDK/API 完成新建用户功能。

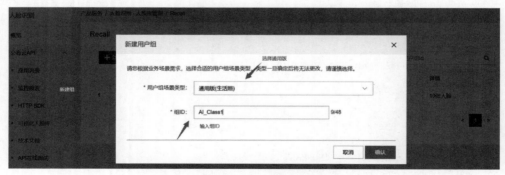

图 E2.14　新建组界面

关于人脸库的设置限制如下：

- 每个 appid 对应一个人脸库，且不同 appid 之间，人脸库互不相通。
- 每个人脸库下，可以创建多个用户组，用户组（group）数量没有限制。
- 每个用户组（group）下，可添加无限张人脸、无限个 uid。
- 每个用户（uid）所能注册的最大人脸数量为 20 个。

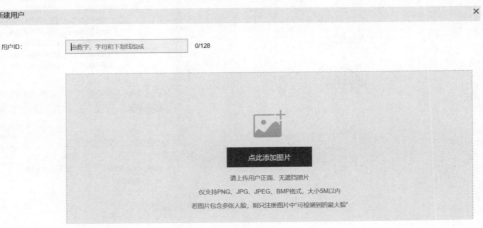

图 E2.15　新建用户界面

3.3　本地数据库建立

百度智能提供的人脸库，仅仅记录用户和人脸信息，无法记录考勤信息，因此我们采用
MySQL 数据库管理系统，新建本地数据库 face，用来记录学生基本信息，包括学生所在的
班级、姓名、学号、签到时间、签到状态等，具体如表 E2.2 所示。

表 E2.2　学生签到表（Recall）

字　段　名	数 据 类 型	是否允许空置	描　　述
StudentID	varchar	否	学生学号
Name	varchar	是	学生姓名
GroupID	varchar	是	人脸库的组名
UserID	varchar	是	人脸库的用户 ID
State	tinyint	是	是否签到
Regdate	date	是	签到时间

四、界面设计和实现

4.1　主界面设计和实现

打开 QtDesigner，新建一个 MainWindow 窗体，命名为 MainWindow. ui，增加 4 个
PushButton，分别用来调用注册、签到、查看和退出页面，全选 4 个 PushButton，右击选择

"布局→垂直布局"命令,将按钮以垂直对齐方式排列,如图 E2.16 所示。窗体和 PushButton 的属性设置如表 E2.3 所示。

图 E2.16　MainWindow 界面设计

表 E2.3　主界面属性设置表

对象名称	属性	属性值	对象名称	属性	属性值
MainWindow	ObjectName	MainWindow	verticalLayout	LayoutSpacing	9
	Geometry	600,600	RegButton	text	人脸注册
	WindowTitle	智慧课堂点名系统	SigButton	text	人脸签到
	Font/Family	微软雅黑	CheckButton	text	签到查看
	Font/Size	12	ExitButton	text	退出

在系统开发界面下,找到 MainWindow.ui 文件,如图 E2.17 所示,右击,选择 External Tools→PyUIC 命令生成主界面窗口的 python 文件 mainWindow.py,主界面类名为 Ui_MainWindow,代码如下所示:

```
1   from PyQt5 import QtCore, QtGui, QtWidgets
2   class Ui_MainWindow(object):
3       def setupUi(self, MainWindow):
4           MainWindow.setObjectName("MainWindow")
5           MainWindow.setWindowModality(QtCore.Qt.NonModal)
6           MainWindow.resize(600, 600)
7           MainWindow.setMaximumSize(QtCore.QSize(600, 600))
8           font = QtGui.QFont()
9           font.setFamily("微软雅黑")
10          font.setPointSize(12)
11          MainWindow.setFont(font)
12          self.centralwidget = QtWidgets.QWidget(MainWindow)
13          self.centralwidget.setObjectName("centralwidget")
14          self.layoutWidget = QtWidgets.QWidget(self.centralwidget)
15          self.layoutWidget.setGeometry(QtCore.QRect(190, 80, 221, 321))
```

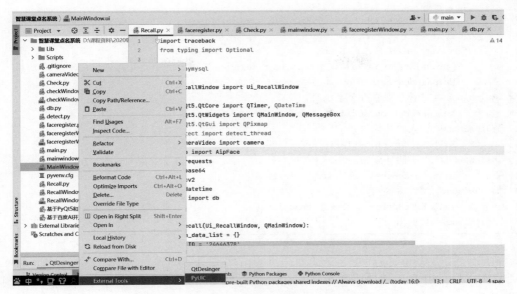

图 E2.17 PyUIC 工具生成界面 Python 文件

```
16        self.layoutWidget.setObjectName("layoutWidget")
17        self.verticalLayout = QtWidgets.QVBoxLayout(self.layoutWidget)
18        self.verticalLayout.setContentsMargins(0, 0, 0, 0)
19        self.verticalLayout.setSpacing(9)
20        self.verticalLayout.setObjectName("verticalLayout")
21        self.RegButton = QtWidgets.QPushButton(self.layoutWidget)
22        self.RegButton.setFont(font)
23        self.RegButton.setAutoDefault(True)
24        self.RegButton.setDefault(False)
25        self.RegButton.setFlat(False)
26        self.RegButton.setObjectName("RegButton")
27        self.verticalLayout.addWidget(self.RegButton)
28        self.SigButton = QtWidgets.QPushButton(self.layoutWidget)
29        self.SigButton.setFont(font)
30        self.SigButton.setObjectName("SigButton")
31        self.verticalLayout.addWidget(self.SigButton)
32        self.CheckButton = QtWidgets.QPushButton(self.layoutWidget)
33        self.CheckButton.setFont(font)
34        self.CheckButton.setObjectName("CheckButton")
35        self.verticalLayout.addWidget(self.CheckButton)
36        self.ExitButton = QtWidgets.QPushButton(self.layoutWidget)
37        self.ExitButton.setFont(font)
38        self.ExitButton.setObjectName("ExitButton")
39        self.verticalLayout.addWidget(self.ExitButton)
40        MainWindow.setCentralWidget(self.centralwidget)
41        self.retranslateUi(MainWindow)
42        self.RegButton.clicked.connect(MainWindow.faceReg)
43        self.SigButton.clicked.connect(MainWindow.faceSign)
44        self.ExitButton.clicked.connect(MainWindow.close)
45        self.CheckButton.clicked.connect(MainWindow.check)
```

```
46            QtCore.QMetaObject.connectSlotsByName(MainWindow)
47
48     def retranslateUi(self, MainWindow):
49         _translate = QtCore.QCoreApplication.translate
50         MainWindow.setWindowTitle(_translate(
51 "MainWindow", "智慧课堂点名系统"))
52         self.RegButton.setText(_translate(
53 "MainWindow", "人脸注册"))
54         self.SigButton.setText(_translate(
55 "MainWindow", "人脸签到"))
56         self.CheckButton.setText(_translate(
57 "MainWindow", "查看签到"))
58         self.ExitButton.setText(_translate(
59 "MainWindow", "退出"))
```

新建一个 Python 文件,定义一个新类 Main,继承创建的主界面类 Ui_MainWindow 和 QMainWindow,并在其构造函数中调用代码 Ui_MainWindow 的 setupUI 函数,定义调用人脸注册功能、人脸签到功能和签到检查的函数 faceReg、faceSign、check,在 main 函数中新建应用程序和主窗体对象 mainWindow、人脸注册窗体 facereg、人脸签到窗体 recall 和签到检查窗体 check,并把主窗体显示出来,代码如下:

```
1  from PyQt5.QtWidgets import QMainWindow, QApplication
2  from mainwindow import Ui_MainWindow
3  from Recall import Recall
4  from Check import Check
5
6  class Main(QMainWindow,Ui_MainWindow):
7      def __init__(self,parent = None):
8          super(Main, self).__init__(parent = parent)
9          self.setupUi(self)
10     def faceReg(self):
11         facereg.show()
12     def faceSign(self):
13         recall.show()
14     def check(self):
15         check.show()
16 if __name__ == '__main__':
17
18     app = QApplication(sys.argv)
19     mainWindow = Main()
20     facereg = Faceregister()
21     recall = Recall()
22     check = Check()
23     mainWindow.show()
24     app.exec_()
       sys.exit()
```

4.2　通用程序实现

系统通过计算机摄像头采集人脸数据，把摄像头打开、采集、格式转化、关闭等函数单独封装为 camera 类，代码如下所示：

```
1   import cv2
2   import numpy as np
3   from PyQt5.QtGui import QImage,QPixmap
4   class camera():
5       def __init__(self):
6           self.open_camera()
7       #打开笔记本的摄像头
8       def open_camera(self):
9           self.capture = cv2.VideoCapture(0,cv2.CAP_DSHOW)
10      #判断是否打开了摄像头
11          if self.capture.isOpened():
12              print("摄像头打开成功!")
13          self.currentframe = np.array([])
14      #获取摄像头数据
15      def read_camera(self):
16          ret,pic_data = self.capture.read()
17          if not ret:
18              print("获取摄像头数据失败")
19              return None
20          return pic_data
21      #摄像头图像格式转换
22      def camera_to_pic(self):
23          pic = self.read_camera()
24          self.currentframe = cv2.cvtColor(pic,cv2.COLOR_BGR2RGB)
25          height,width = self.currentframe.shape[:2]
26          qimag = QImage(self.currentframe,width,height,QImage.Format_RGB888)
27          qpix = QPixmap.fromImage(qimag)
28          return qpix
29      def close_camera(self):
30          self.capture.release()
```

将本地数据库连接和关闭连接函数封装为 db 类，代码如下：

```
1   import pymysql
2   class db():
3       def get_conn(self):
4       #建立连接
5           conn = pymysql.connect(host = "127.0.0.1", user = "root", password = "123456", db
6   = "face", charset = "utf8")
7       #创建游标
8           cursor = conn.cursor()
9           return conn,cursor
10      def close_conn(self,conn,cursor):
11          if cursor:
12           cursor.close()
13          if conn:
14           conn.close()
```

4.3 人脸注册界面设计和实现

在 QtDesigner 中,新建一个 MainWindow 窗体,命名为 faceRegisterWindow.ui,如图 E2.18 所示,窗体中添加 4 个 DIsplay Widgets 中的 Label 标签,分别用来显示班级、学号、姓名和 userid,再添加 4 个 Input Widgets 中的 Line Edit,用于用户输入自己的班级、学号、姓名、userid 等信息,然后再添加一个 Label 用来显示摄像头拍摄的人脸图像,大小设置为 400×400,最后添加两个 PushButton,用来提交信息和退出人脸注册功能。每个 Labe 和对应的 Line Edit 按照水平布局排列,然后这 4 项按照垂直布局对齐排列,窗体和各控件的属性设置如表 E2.4 所示。

表 E2.4 人脸注册界面属性设置表

对象名称	属性	属性值	对象名称	属性	属性值
MainWindow	ObjectName	faceRegister	QLineEdit	ObjectName	Class
	Geometry	800,600	QLineEdit	ObjectName	studentID
	Font/Family	微软雅黑	QLineEdit	ObjectName	name
	Font/Size	12	QLineEdit	ObjectName	userid
QLabel	ObjectName	label_class	QLabel	ObjectName	pic
QLabel	ObjectName	label_ID	pic	Geometry	60,100,400,400
QLabel	ObjectName	label_name	button_ok	text	上传
QLabel	ObjectName	label_userid	button_close	text	退出

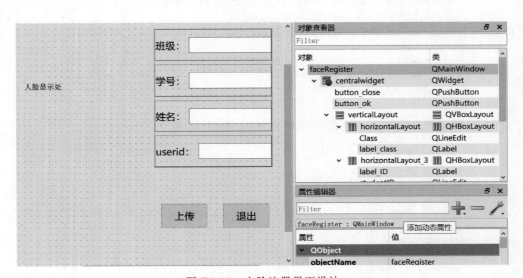

图 E2.18 人脸注册界面设计

PyUIC 工具生成的界面代码如下:

```
1   from PySide2.QtCore import *
2   from PySide2.QtGui import *
3   from PySide2.QtWidgets import *
4   class Ui_faceRegister(object):
5   def setupUi(self, faceRegister):
6   if not faceRegister.objectName():
7   faceRegister.setObjectName("faceRegister")
8   faceRegister.setEnabled(True)
9   faceRegister.resize(800, 600)
10  faceRegister.setMinimumSize(QSize(800, 600))
11  faceRegister.setMaximumSize(QSize(800, 600))
12  faceRegister.setToolTipDuration(0)
13  faceRegister.setLayoutDirection(Qt.LeftToRight)
14  faceRegister.setTabShape(QTabWidget.Rounded)
15  self.centralwidget = QWidget(faceRegister)
16  self.centralwidget.setObjectName("centralwidget")
17  self.centralwidget.setEnabled(True)
18  self.centralwidget.setLayoutDirection(Qt.LeftToRight)
19  self.button_close = QPushButton(self.centralwidget)
20  self.button_close.setObjectName("button_close")
21  self.button_close.setGeometry(QRect(630, 410, 75, 40))
22  font = QFont()
23  font.setFamily("微软雅黑")
24  font.setPointSize(12)
25  self.button_close.setFont(font)
26  self.button_ok = QPushButton(self.centralwidget)
27  self.button_ok.setObjectName("button_ok")
28  self.button_ok.setGeometry(QRect(530, 410, 75, 40))
29  self.button_ok.setFont(font)
30  self.layoutWidget = QWidget(self.centralwidget)
31  self.layoutWidget.setObjectName("layoutWidget")
32  self.layoutWidget.setGeometry(QRect(520, 120, 191, 231))
33  self.verticalLayout = QVBoxLayout(self.layoutWidget)
34  self.verticalLayout.setObjectName("verticalLayout")
35  self.verticalLayout.setContentsMargins(0, 0, 0, 0)
36  self.horizontalLayout = QHBoxLayout()
37  self.horizontalLayout.setObjectName("horizontalLayout")
38  self.label_class = QLabel(self.layoutWidget)
39  self.label_class.setObjectName("label_class")
40  self.label_class.setFont(font)
41  self.horizontalLayout.addWidget(self.label_class)
42  self.Class = QLineEdit(self.layoutWidget)
43  self.Class.setObjectName("Class")
44  self.Class.setFont(font)
45  self.horizontalLayout.addWidget(self.Class)
46  self.verticalLayout.addLayout(self.horizontalLayout)
47  self.horizontalLayout_3 = QHBoxLayout()
48  self.horizontalLayout_3.setObjectName("horizontalLayout_3")
49  self.label_ID = QLabel(self.layoutWidget)
50  self.label_ID.setObjectName("label_ID")
```

```
51  self.label_ID.setFont(font)
52  self.horizontalLayout_3.addWidget(self.label_ID)
53  self.studentID = QLineEdit(self.layoutWidget)
54  self.studentID.setObjectName("studentID")
54  self.studentID.setFont(font)
55  self.horizontalLayout_3.addWidget(self.studentID)
56  self.verticalLayout.addLayout(self.horizontalLayout_3)
57  self.horizontalLayout_2 = QHBoxLayout()
58  self.horizontalLayout_2.setObjectName("horizontalLayout_2")
59  self.label_name = QLabel(self.layoutWidget)
60  self.label_name.setObjectName("label_name")
61  self.label_name.setFont(font)
62  self.horizontalLayout_2.addWidget(self.label_name)
63  self.name = QLineEdit(self.layoutWidget)
64  self.name.setObjectName("name")
65  self.name.setFont(font)
66  self.horizontalLayout_2.addWidget(self.name)
67  self.verticalLayout.addLayout(self.horizontalLayout_2)
68  self.horizontalLayout_4 = QHBoxLayout()
69  self.horizontalLayout_4.setObjectName("horizontalLayout_4")
70  self.label_userid = QLabel(self.layoutWidget)
71  self.label_userid.setObjectName("label_userid")
72  self.label_userid.setFont(font)
73  self.horizontalLayout_4.addWidget(self.label_userid)
74  self.userid = QLineEdit(self.layoutWidget)
75  self.userid.setObjectName("userid")
76  self.userid.setFont(font)
77  self.horizontalLayout_4.addWidget(self.userid)
78  self.verticalLayout.addLayout(self.horizontalLayout_4)
79  self.pic = QLabel(self.centralwidget)
80  self.pic.setObjectName("pic")
81  self.pic.setGeometry(QRect(60, 100, 400, 400))
82  self.pic.setMaximumSize(QSize(800, 800))
83  faceRegister.setCentralWidget(self.centralwidget)
84  self.retranslateUi(faceRegister)
85  self.button_close.clicked.connect(faceRegister.close)
86  QMetaObject.connectSlotsByName(faceRegister)
```

新建一个 Python 文件 faceregister.py,在其中定义一个新类 faceregister,继承自创建的人脸注册界面类 Ui_faceRegister 和 QMainWindow,并在其构造函数中调用代码 faceRegister 的 setupUI 函数,定义人脸显示函数 showface、上传人脸到百度人脸库函数 upload 以及本地数据库学生注册函数 newstudent,具体代码如下:

(1) 库函数导入部分。

```
1  import sys
2  import traceback
3  from faceregisterWindow import Ui_faceRegister
4  from cameraVideo import camera
5  from PyQt5.QtCore import QTimer
```

```
6    from PyQt5.QtWidgets import QMainWindow,QMessageBox
7    import base64
8    import cv2from db import db
9    from aip import AipFace
10   # 类构造函数:
11   class Faceregister(QMainWindow,Ui_faceRegister):
12       def __init__(self,parent = None):
13           super(Faceregister, self).__init__(parent = parent)
14           self.setupUi(self)
15           self.showface()
16           self.db = db()
17           self.button_ok.clicked.connect(self.upload)
```

（2）人脸显示函数。

```
1    def showface(self):
2        self.cameravideo = camera()# 打开摄像头
3        self.timshow = QTimer() # 启动定时器进行定时,每隔多长时间进行一次摄像头数据显示
4        self.timshow.start(10) # 每隔10ms产生一个信号timeout,显示采集的人脸
5        self.timshow.timeout.connect(self.show_cameradata)
6    def show_cameradata(self):
7        pic = self.cameravideo.camera_to_pic()# 获取摄像头数据
8        self.pic.setPixmap(pic)# 在label框中显示数据,显示画面
```

（3）调用百度SDK把人脸注册到人脸数据库函数。

```
1    def upload(self):
2        camera_data1 = self.cameravideo.read_camera()
3          _, enc = cv2.imencode('.jpg', camera_data1)
4
5        # 新建人脸识别的Python SDK客户端AipFace
6        base64_image = base64.b64encode(enc.tobytes())
7        image64 = str(base64_image, 'utf - 8')
8        APP_ID = '你的APP_ID '
9        API_KEY = '你的API_KEY'
10       SECRET_KEY = '你的SECRET_KEY'
11       client = AipFace(APP_ID, API_KEY, SECRET_KEY)
12       # 上传数据到人脸库
13       imageType = "BASE64"
14       groupId = self.Class.text()
15       userId = self.userid.text()
16       """ 调用人脸注册 """
17       result = client.addUser(image64, imageType, groupId, userId)
18       print(result)
19       if(result['
20   error_msg'] == 'SUCCESS'):# 显示上传成功信息
21           QMessageBox.information(self, " ", "人脸采集成功!",QMessageBox.Yes)
22       self.newstudent() # 上传学生信息到本地数据库
```

（4）上传学生信息到本地数据库函数。

```
1  def newstudent(self):
2      try:
3          conn, cursor = self.db.get_conn()
4          param = [self.studentID.text(),self.name.text(),self.class_2.text(),self.userid.text()]
5          sql = "insert into recall values(%s,%s,%s,%s,1,null)"
6          cursor.execute(sql,param)
7          conn.commit()
8      except:
9          traceback.print_exc()
10     finally:
11         self.db.close_conn(conn,cursor)
```

4.4 人脸签到界面设计和实现

在 QtDesigner 中,新建一个 MainWindow 窗体文件,命名为 RecallWindow.ui,如图 E2.19 所示,在窗体中添加一个 Display Widgets 中的 Label 标签,用于显示学生人脸;再添加一个 Input Widgets 中的 plainTextEdit,用于显示人脸检测信息;然后添加两个 PushButton,用于签到和退出。窗体和各控件的属性设置如表 E2.5 所示。

表 E2.5   人脸签到界面属性设置表

对象名称	属性	属性值	对象名称	属性	属性值
MainWindow	ObjectName	RecallWindow	plainTextEdit	ObjectName	plainTextEdit
	Geometry	800,600	SignButton	text	开始签到
QLabel	ObjectName	pic	CloseButton	text	退出
pic	Geometry	30, 100, 330, 420			

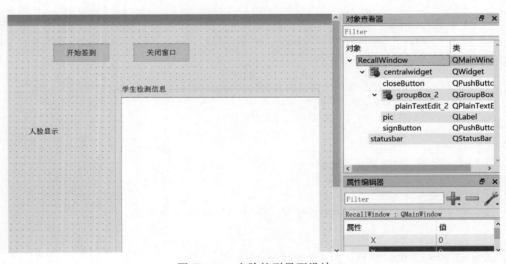

图 E2.19   人脸签到界面设计

PyUIC 工具生成的界面代码如下:

```
1   from PyQt5 import QtCore, QtWidgets
2   class Ui_RecallWindow(object):
3       def setupUi(self, RecallWindow):
4           RecallWindow.setObjectName("RecallWindow")
5           RecallWindow.setEnabled(True)
6           RecallWindow.resize(800, 600)
7           RecallWindow.setMinimumSize(QtCore.QSize(800, 600))
8           RecallWindow.setMaximumSize(QtCore.QSize(800, 600))
9           RecallWindow.setTabShape(QtWidgets.QTabWidget.Rounded)
10          self.centralwidget = QtWidgets.QWidget(RecallWindow)
11          self.centralwidget.setObjectName("centralwidget")
12          self.signButton = QtWidgets.QPushButton(self.centralwidget)
13          self.signButton.setGeometry(QtCore.QRect(280, 30, 91, 31))
14          self.signButton.setObjectName("signButton")
15          self.closeButton = QtWidgets.QPushButton(self.centralwidget)
16          self.closeButton.setGeometry(QtCore.QRect(410, 30, 91, 31))
17          self.closeButton.setObjectName("closeButton")
18          self.pic = QtWidgets.QLabel(self.centralwidget)
19          self.pic.setGeometry(QtCore.QRect(30, 100, 330, 420))
20          self.pic.setMaximumSize(QtCore.QSize(800, 600))
21          self.pic.setText("")
22          self.pic.setObjectName("pic")
23          self.groupBox_2 = QtWidgets.QGroupBox(self.centralwidget)
24          self.groupBox_2.setGeometry(QtCore.QRect(380, 100, 331, 451))
25          self.groupBox_2.setObjectName("groupBox_2")
26          self.plainTextEdit = QtWidgets.QPlainTextEdit(self.groupBox_2)
27          self.plainTextEdit.setGeometry(QtCore.QRect(10, 20, 491, 481))
28          self.plainTextEdit.setLineWidth(0)
29          self.plainTextEdit.setObjectName("plainTextEdit")
30          RecallWindow.setCentralWidget(self.centralwidget)
31          RecallWindow.setStatusBar(self.statusbar)
32          self.retranslateUi(RecallWindow)
33          self.closeButton.clicked.connect(RecallWindow.close)
34          QtCore.QMetaObject.connectSlotsByName(RecallWindow)
```

新建一个 Python 文件 Recall.py,在其中定义一个新类 Recall,继承自创建的人脸注册界面类 Ui_RecallWindow 和 QMainWindow,并在其构造函数中调用代码 Ui_RecallWindow 的 setupUI 函数,定义人脸显示函数 showface、上传人脸到百度人脸库函数 upload 和本地数据库学生注册函数 newstudent,具体代码如下:

(1) 库函数导入部分。

```
1   import traceback
2   from RecallWindow import Ui_RecallWindow
3   from PyQt5.QtCore import QTimer, QDateTime
4   from PyQt5.QtWidgets import QMainWindow, QMessageBox
5   from cameraVideo import camera
6   from aip import AipFace
7   import requests
8   import base64
```

```
9    import cv2
10   import datetime
11   from db import db
```

（2）类的构造函数。

```
1    class Recall(Ui_RecallWindow, QMainWindow):
2        APP_ID = '你的 APP_ID '
3        API_KEY = '你的 API_KEY'
4        SECRET_KEY = '你的 SECRET_KEY'
5        client = AipFace(APP_ID, API_KEY, SECRET_KEY)
6        # 函数初始化
7        def __init__(self, parent = None):
8            super(Recall, self).__init__(parent = parent)
9            self.imageData = None
10           self.setupUi(self)
11           self.access_token = self.get_accessToken()
12           self.db = db()
13           self.pic.setScaledContents(True)
14           self.signButton.clicked.connect(self.open_Sign)
15           self.start_state = True
```

（3）获取摄像头人脸并显示到 Label 中。

```
1        def get_cameradata(self):
2            camera_data1 = self.cameravideo.read_camera()
3            _, enc = cv2.imencode('.jpg', camera_data1)
4            base64_image = base64.b64encode(enc.tobytes())
5            self.imageData = base64_image # str(base64_image, 'utf-8')
6        def show_cameradata(self):
7            pic = self.cameravideo.camera_to_pic()
8            self.pic.setPixmap(pic)
```

（4）从摄像头获取人脸，调用百度 SDK 完成人脸属性检测。

```
1        def open_Sign(self):
2            if self.start_state == True:
3                self.cameravideo = camera()
4                self.timeshow = QTimer(self)
5                self.timeshow.start(10)
6                self.timeshow.timeout.connect(self.show_cameradata)
7                # 调用百度人脸检测和识别
8                self.get_cameradata()
9                # 签到 500ms 获取一次,用来检测画面
10               self.faceshow = QTimer(self)
11               self.faceshow.start(500)
12               self.faceshow.timeout.connect(self.detect_face)
13               self.face_search()
14               self.start_state = False
```

```
15              else:
16                  QMessageBox.about(self, '提示', '正在检测,请先关闭!')
17
18          # 获取人脸数据显示到文本框中
19          def show_detectdata(self, data):
20              if data['error_code'] != 0:
21
22                  self.plainTextEdit.setPlainText(data['error_msg'])
23                  return
24              elif data['error_msg'] == 'SUCCESS':
25
26                  self.plainTextEdit.clear()
27                  face_num = data['result']['face_num']
28
29                  if face_num == 0:
30                      self.plainTextEdit.setPlainText("当前没有人或人脸出现!")
31                      return
32                  else:
33                      self.plainTextEdit.clear()
34                      self.plainTextEdit.appendPlainText("检测到人脸!")
35                      self.plainTextEdit.appendPlainText("——————————————")
36                  # 人脸获取列表
37                  for i in range(face_num):
38                      age = data['result']['face_list'][i]['age'] # 年龄
39
40
41                      beauty = data['result']['face_list'][i]['beauty'] # 美观度
42
43
44                      gender = data['result']['face_list'][i]['gender']['type'] # 性别
45
46
47                      expression = data['result']['face_list'][i]['expression']['type']
48
49
50                      face_shape = data['result']['face_list'][i]['face_shape']['type']
51
52
53                      emotion = data['result']['face_list'][i]['emotion']['type']
54
55
56                      glasses = data['result']['face_list'][i]['glasses']['type']
57
58
59                      mask = data['result']['face_list'][i]['mask']['type']
60
61                      self.plainTextEdit.appendPlainText("第" + str(i + 1) + "个学生的人脸信息:")
62                      self.plainTextEdit.appendPlainText("——————————————")
63                      self.plainTextEdit.appendPlainText("年龄:" + str(age))
64                      if gender == 'male':
```

```
65                      gender = "男"
66                  else:
67                      gender = "女"
68                  self.plainTextEdit.appendPlainText("性别:" + str(gender))
69                  self.plainTextEdit.appendPlainText("表情:" + str(expression))
70                  self.plainTextEdit.appendPlainText("颜值分数:" + str(beauty))
71                  self.plainTextEdit.appendPlainText("脸型:" + str(face_shape))
72                  self.plainTextEdit.appendPlainText("情绪:" + str(emotion))
73                  if glasses == 'none':
74                      glasses = '否'
75                  elif glasses == 'common':
76                      glasses = '是:普通眼镜'
77                  else:
78                      glasses = '是:太阳眼镜'
79                  self.plainTextEdit.appendPlainText("是否佩戴眼镜:" + str(glasses))
80                  if mask == 0:
81                      mask = '否'
82                  else:
83                      mask = '是'
84                  self.plainTextEdit.appendPlainText("是否佩戴口罩:" + str(mask))
85                  self.plainTextEdit.appendPlainText('——————————————')
86          else:
87              print("人脸获取失败!")
88      # 调用百度 SDK 进行人脸属性检测
89      def detect_face(self):
90          self.get_cameradata()
91          imageType = "BASE64"
92          options = {"face_field": "gender,age,beauty,mask,emotion,expression,glasses,face
93  _shape", "max_face_num": 10}
94          response = self.client.detect(self.imageData, imageType, options)
95      if response:
96              data = response.json()
97              self.show_detectdata(dict(data))
98          else:
99              print("未检测到人脸")
```

(5) 调用百度 SDK 完成人脸搜索,以完成签到。

```
1      def face_search(self):
2          image64 = str(self.imageData, 'utf - 8')
3          image = image64
4          imageType = "BASE64"
5          groupIdList = "AI_Class1"
6          response = self.client.search(image64, imageType, groupIdList)
7          if response:
8              try:
9                  conn, cursor = self.db.get_conn()
```

```
10                    dt = datetime.date.today().strftime("%Y-%m-%d")
11                    sql = "
12  update recall set state = 1, regdate = '
13  {}'where userID
14                        = '{}'".format(dt,response['result']['user_list'][0]['user_id'])
15                    cursor.execute(sql)
16                    conn.commit()
17              except:
18                    traceback.print_exc()
19              finally:
20                    self.db.close_conn(conn, cursor)
21              if response['error_msg'] == 'SUCCESS':
22                    res = QMessageBox.information(
23  None, " ", response['result']['user_list'][0]['user_id'] + "签到成功!",
24                        QMessageBox.Yes|QMessageBox.No,QMessageBox.Yes)
25                    if res == QMessageBox.Yes:
26                        return
```

（6）关闭签到。

```
1   def close_Sign(self):
2       self.timeshow.stop()
3       self.timeshow.timeout.disconnect(self.show_cameradata)
4       self.cameravideo.close_camera()
```

4.5　签到查询界面设计和实现

在 QtDesigner 中，新建一个 Dialog with Buttons Right 对话框件，命名为 checkWindow.ui，如图 E2.20 所示，窗体中添加一个 TableWidget，用于显示学生签到信息。窗体和 TableWidget 的属性设置如表 E2.6 所示。

图 E2.20　签到查看界面

表 E2.6 签到查看界面属性设置表

对 象 名 称	属 性	属 性 值
MainWindow	ObjectName	checkWindow
	Geometry	800,600
TableWidget	rowCount	1
	columnCount	4

用 PyUIC 工具生成界面的 Python 文件,并修改 Python 代码,增加表格标题项,如下所示:

```
1   from PyQt5 import QtCore, QtGui, QtWidgets
2   class Ui_checkWindow(object):
3       def setupUi(self, checkWindow):
4           checkWindow.setObjectName("checkWindow")
5           checkWindow.resize(800, 600)
6           self.buttonBox = QtWidgets.QDialogButtonBox(checkWindow)
7           self.buttonBox.setGeometry(
8   QtCore.QRect(700, 60, 80, 240)
9           self.buttonBox.setOrientation(QtCore.Qt.Vertical)
10          self.buttonBox.setStandardButtons(QtWidgets.QDialogButtonBox.Cancel|QtWidgets.
11  QDialogButtonBox.Ok)
12          self.buttonBox.setObjectName("buttonBox")
13          self.tableWidget = QtWidgets.QTableWidget(checkWindow)
14          self.tableWidget.setGeometry(QtCore.QRect(30, 50, 600, 400))
15          self.tableWidget.setLineWidth(2)
16          self.tableWidget.setMidLineWidth(1)
17          self.tableWidget.setRowCount(1)
18          self.tableWidget.setColumnCount(4)
19          self.tableWidget.setObjectName("tableWidget")
20          item = QtWidgets.QTableWidgetItem()
21          self.tableWidget.setHorizontalHeaderItem(0, item)
22          item = QtWidgets.QTableWidgetItem()
23          self.tableWidget.setHorizontalHeaderItem(1, item)
24          item = QtWidgets.QTableWidgetItem()
25          self.tableWidget.setHorizontalHeaderItem(2, item)
26          item = QtWidgets.QTableWidgetItem()
27          self.tableWidget.setHorizontalHeaderItem(3, item)
28          self.retranslateUi(checkWindow)
29          self.buttonBox.accepted.connect(checkWindow.accept)
30          self.buttonBox.rejected.connect(checkWindow.reject)
31          QtCore.QMetaObject.connectSlotsByName(checkWindow)
32
33      def retranslateUi(self, checkWindow):
34          _translate = QtCore.QCoreApplication.translate
35          checkWindow.setWindowTitle(_translate("checkWindow", "签到情况表"))
36
37          item = self.tableWidget.horizontalHeaderItem(0)
38          item.setText(_translate("checkWindow", "班级"))
39
40          item = self.tableWidget.horizontalHeaderItem(1)
```

41	item.setText(_translate(
42	"checkWindow", "学号"))
43	item = self.tableWidget.horizontalHeaderItem(2)
44	item.setText(_translate(
45	"checkWindow", "姓名"))
46	item = self.tableWidget.horizontalHeaderItem(3)
47	item.setText(_translate(
48	"checkWindow", "点名时间"))

新建一个 Python 文件 Check.py,在其中定义一个新类 Check,继承自创建的签到查看界面类 Ui_checkWindow 和 QMainWindow,并在其构造函数中调用代码 Ui_checkWindow 的 setupUI 函数,定义签到数据显示函数 showall,从本地数据库中取出学生签到信息,代码如下:

```
import sys
import traceback
from checkWindow import Ui_checkWindow
from PyQt5.QtWidgets import QDialog, QTableWidgetItem
from db import db
import datetime

class Check(Ui_checkWindow,QDialog):
    def __init__(self, parent = None):
        super(Ui_checkWindow, self).__init__(parent = parent)
        self.setupUi(self)
        self.db = db()
        self.showall()
    def showall(self):
        try:
            conn, cursor = self.db.get_conn()
            sql = "select groupId,studentID, name, regdate from recall where state = 1"
            cursor.execute(sql)
            data = cursor.fetchall()
            self.tableWidget.setRowCount(len(data))
            row = 0
            for items in data:
                print(items)
                col = 0
                for item in items[0:3]:
                    oneitem = QTableWidgetItem(item)
                    self.tableWidget.setItem(row, col, oneitem)
                    if items[3]!= None:
                        print(items[3])
                        regdate = QTableWidgetItem(items[3].strftime('
%Y-%m-%d'))
                        self.tableWidget.setItem(row, col + 1, regdate)
                    else:
                        regdate = QTableWidgetItem('未点名')
                        self.tableWidget.setItem(row, col + 1, regdate)
```

```
36                           col  += 1
37                      row += 1
38         except:
39              traceback.print_exc()
40         finally:
41              self.db.close_conn(conn,cursor)
```

五、小结

　　本章介绍了采用 Python 语言开发智慧课堂点名系统的主要技术和过程,是人工智能技术在教育场景的应用,系统主要包括人脸注册、人脸签到以及查看签到三大功能。系统开发分为前端 UI 交互界面、后端人脸识别 SDK 和数据库操作 3 个部分,前端界面采用 PyQt5 开发,人脸注册、人脸识别和人脸搜索采用百度智能云提供的 SDK 完成,班级签到情况查看采用本地数据库存储。系统功能明确、思路清晰,通过本章的学习,学生可以学会 PyQt 可视化界面的设计和使用,利用摄像头采集人脸信息的操作,并学会利用开源 SDK 的官方文档实现系统功能,同时培养学生研究、解决智能类复杂工程问题的能力。

第 3 部分

习 题 篇

习题 1

一、单项选择题

1. Python 是一种_____类型的编程语言。
   - A. 汇编语言
   - B. 机器语言
   - C. 解释型高级语言
   - D. 编译型高级语言

2. 下列选项中,不属于 Python 优点的是_____。
   - A. 语法优美,简单易学
   - B. 运行速度相对较慢
   - C. 开发效率高
   - D. 开源性、可移植性

3. Python 内置的集成开发环境是_____。
   - A. PyCharm
   - B. IDLE
   - C. IDE
   - D. Eclipse

4. Python 解释器的提示符是_____。
   - A. >
   - B. >>
   - C. >>>
   - D. >>>>

5. pip 的全称是_____。
   - A. Package Installer for Python
   - B. Picture in Picture
   - C. Path Independent Protocol
   - D. Part Inspection Plan

二、填空题

1. 集成开发环境 IDLE 有两种使用方式,分别是_____和_____。其中,在文件式使用方式下,执行 Python 程序快捷键是_____。

2. 安装第三方库可以使用_____命令,比如,安装第三方库 numpy 的完整语句是_____。使用 Python 自带的标准库时常用关键字是_____。

3. 想要随机生成整数需要使用标准库_____,想处理时间日期类信息需要使用标准库_____。

4. 用户编写的 Python 程序(避免使用依赖于系统的特性),无须修改就可以在任何支持 Python 的平台上运行,这是 Python 的_____特性。

5. 为了查看 Python 解释器所在的路径,加载 sys 模块后,执行的命令是_____。

三、简答题

1. 简述 Python 语言的主要特点。
2. 简述 Python 语言的应用范围。
3. 简述下载和安装 Python 解释器的主要步骤。

习题 2

一、单项选择题

1. 以下_____不是 Python 预留的关键字。
   A. from   B. else if   C. global   D. finally

2. 下列选项中,合法的 Python 标识符是_____。
   A. from   B. it's   C. 3C   D. name

3. 关于赋值运算符,以下选项中描述错误的是_____。
   A. 赋值运算符采用符号"＝"表示
   B. 赋值运算符可以与二元运算符组合成复合赋值运算符
   C. 赋值运算符的结合性为左结合
   D. 赋值运算符不是优先级最低的运算符

4. Python 表达式中,可以使用_____调整运算的先后次序。
   A. 尖括号< >   B. 小括号( )   C. 方括号[ ]   D. 大括号{ }

5. 下面程序的执行结果是_____。

   ```
   >>> x,y = "我","中国"
   >>> print(x + "爱" + y)
   ```

   A. 我中国   B. 我＋爱＋中国   C. 我爱中国   D. 我爱,中国

6. 语句"x,y＝y,x"的功能是_____。
   A. 交换变量 x 和 y 的值   B. 给变量 x 和 y 赋初值
   C. 提示出错   D. 无确定结果

7. 假设"x,y＝100,15",则"x%7,x//y,x/y"(保留 2 位小数)的结果为_____。
   A. 10,7,6.67   B. 2,6,67   C. 2,6,6.67   D. 10,6.67,6.67

8. 假设字符串 s＝"山外青山楼外楼,西湖歌舞几时休?",想输出"楼外楼"这 3 个汉字,应该使用语句_____。
   A. print(s[4:5])   B. print(s[4:6])
   C. print(s[4:7])   D. print(s[4:8])

9. 运行以下程序,当输入"go big or go home"时,print()语句中的内容将会通过____行显示出来。

```
>>> a = input("输入:"),
>>> print(a + "/n" + a,a + "\n")
```

    A. 1 行   B. 2 行   C. 3 行   D. 4 行

10. 以下关于 Python 注释的描述中,不正确的是_____。

    A. 注释语句可以被执行

    B. 注释语句以符号"#" 开头

    C. 多行注释可以用一对三引号 """"将其包围起来

    D. 单行注释可以和非注释语句在同一行,并出现在非注释语句之后

11. 为给变量 x、y、z 赋相同的初值 2022,正确的赋值语句是_____。

    A. x,y,z＝2022,2022,2022   B. xyz＝2022

    C. x,y,z＝2022   D. x＝5,y＝5,z＝5

12. 已知 x,y＝2,3,则执行语句 x ＊＝y＋5 后,x 和 y 的值分别为_____。

    A. 16,5   B. 6,5   C. 16,3   D. 6,3

13. 与数学表达式 $3.26e^x+\frac{1}{3}(a+b)^4$ 对应的 Python 表达式是_____。(其中 e^x 用 math. exp(x)表示)

    A. $3.26math. exp(x)+\frac{1}{3}*(a+b)**4$

    B. 3.26 ＊ math. exp(x)＋(a＋b) ＊＊ 4/3

    C. 3.26 ＊ math. exp(x)＋((a＋b) ＊＊ 4)/3

    D. 3.26 ＊ math. exp(x)＋((a＋b) ＊＊ 4)//3

14. 下列关于 Python 中的复数,说法错误的是_____。

    A. 表示复数的语法是 real＋imagej   B. 实部和虚部都是浮点数

    C. 虚部必须有小写的后缀j   D. 一个复数必须有表示虚部的实数和j

15. 关于 Python 字符串,下列说法错误的是_____。

    A. 字符应该视为长度为 1 的字符串

    B. 字符串以\0 标志字符串的结束

    C. 既可以用单引号,也可以用双引号创建字符串

    D. 在三引号字符串中可以包含换行回车等特殊字符

16. Python 不支持以下_____数据类型。

    A. complex   B. list   C. char   D. float

17. Python 语言中,用于获取用户输入数据的命令是_____。

    A. get   B. input   C. scanf   D. cin

18. 代码"print(round(0.1＋0.2,1)＝＝0.3)"的执行结果是_____。

    A. True   B. true   C. false   D. False

19. 下列有关 Python 运算符的使用描述正确的是_____。

    A. a＝＋b,等价于 a＝a＋b   B. a//＝b,等价于 a＝a/b

    C. a ＊＝b,等价于 a＝a ＊ b   D. a＝－b,等价于 a＝a－b

20. 秦始皇统一度量衡制度后,形成了石、钧、斤、两、铢的重量单位体系。其中 1 斤等

于 16 两,故"半斤八两"是表示"差不多,相当"的意思。这表明当时在斤和两的换算上采用的数制是_____。

    A. 二进制   B. 八进制   C. 十进制   D. 十六进制

二、填空题

1. 十进制数 76 对应的二进制是_____,八进制是_____,十六进制是_____。分别使用语句_____、_____、_____进行转换。

2. 若 x=1.23456789,则 round(x,2)是_____。

3. input()命令的返回结果是_____,可以使用函数_____将其强制类型转换为数字类型。

4. 可以通过使用语句_____和_____获取复数 a 的实部和虚部。

5. abs()函数返回给定参数的绝对值。参数可以是实数(整数、浮点数等)或复数,如果参数是复数,则返回复数的模。则:abs(−1.23) = _____,abs(1+2J) = _____(保留两位小数)。

6. 数学表达式 x^y+1 对应的 Python 表达式为_____。

7. Python 提供了两个对象身份比较运算符_____和_____来测试两个变量是否指向同一对象;通过内置函数_____来判断对象的类型;通过_____运算符判断两个变量指向的对象的值是否相同。

8. Python 表达式 0 and 1 or not 2＜True 的值是_____。

9. 假设,s="四个自信",则 print(s * 4)的执行结果是_____。

10. "good"+"idea"的执行结果是_____。

三、简答题

1. Python 有几种注释方式? 分别是什么?

2. Python 标识符的命名规则是什么?

3. 什么叫转义字符? 至少写出 3 个转义字符。

4. 在 Python 语言中,定义一个变量必须遵循的条件是什么?

5. 假设有 $a=10$,写出下面表达式运算后 a 的值:

(1) a+=a   (2) a−=a   (3) a * =a+a

(4) a/=a+a   (5) a%=a−a * 4   (6) a//=a+a%a

6. 请写出标准库 math 中常用的数学函数的功能,并写出输出结果。

语　句	功　能	输 出 结 果
import math		无
print(abs(−10))		
print(math.ceil(3.14))		
print(math.exp(2))		
print(math.floor(3.14))		
print(math.log(100, 10))		
print(math.log10(100))		

续表

语　句	功　能	输出结果
print(max(3, 5, 7, 4, 1))		
print(min(3, 5, 4, 1, 6))		
print(math. modf(3. 14))		
print(pow(2, 3))		
print(round(3. 14))		
print(math. sqrt(9))		

7. 请写出常用字符串函数功能,并写出输出结果。

语　句	功　能	输出结果
s = 'i love China!'		无
print(s. capitalize())		
print(s. center(20))		
print(s. count('i'))		
print(s. startswith('I'))		
print(s. find('China'))		
print(s. isalpha())		
print(s. isnumeric())		
print(s. upper())		
print(s. replace(' ', ''))		

8. 以下程序的功能是:输入两个正整数 x 和 y,分别计算 x+y、x-y、x * y、x/y、x//7,并按照特定格式输出。

```
1  x, y = ①_____('请输入正整数 x,y(用逗号","分隔):').②_____    # 输入两个正整数 x,y,并且用逗号分隔
2  x, y = _____③_____                                      # 强制类型转换
3  print("____④____" % (x, y, x + y), end = ',')                # 格式化占位符输出
4  print("____⑤____" % (x, y, x - y), end = ',')                # 格式化占位符输出
5  print("{} * {} = {}".____⑥____, end = ',')                   # 格式化输出
6  print("{}/{} = { ⑦ }".____⑧____, end = ',')                 # 格式化输出且结果保留 2 位小数
7  print(f'____⑨____')                                          # 求 x//y,且使用格式化字符串常量 f-string 输出
8  # 当输入 2,3 时,输出结果为:_____ ⑩ _____
```

9. 以下程序的功能是:输入圆的半径 r,计算并输出圆的周长和面积(结果保留 2 位小数)。

```
1  import math
2  r = _____①_____                # 输入圆的半径
3  p = _____②_____                     # 计算圆周长
4  s = _____③_____                 # 计算圆面积
5  print(_____④_____)      # 以"半径为 * 的圆周长为 *,圆面积为 *。"的格式输出
6  # 当输入 2.5 时,输出结果为:_____
```

习题 **3**

一、单项选择题

1. 下列关于 Python 选择结构的描述中，错误的是_____。
   A. 双分支结构用 if…else…来实现
   B. 双分支结构也可以用"<表达式 1 > if <条件> else <表达式 2 >"的紧凑形式来表示
   C. 多分支结构用 if…elif…else…来实现
   D. 多分支结构中的 else 部分一定不能缺省

2. 下列程序中有一处错误，请选择_____。

```
a = int(input("请输入一个数:"))          ①
b = int(input("请输入另一个数:"))
if a > b:                              ②
    print("第一个数大")
elif a = b:                            ③
    print("两个数一样大")
else:                                  ④
        print("第二个数大")
```

   A. ①   B. ②   C. ③   D. ④

3. 将数学表达式 80≤x<90 表示成 Python 的表达式，正确的是_____。
   A. x≥80 and x<90   B. 80<x<90
   B. 80≤x not x<90   D. x≤80 or x<90

4. 有关选择结构中 if 语句后面的"表达式"值的叙述中，正确的是_____。
   A. 必须是逻辑值   B. 必须是整数值
   C. 必须是正数   C. 可以是任意合法的数值

5. 关于以下程序的说法中正确的是_____。

```
x,y,z = 3,0,0
if x = y + z:
    print("11")
else:
    print("22")
```

　　A. 输出 11　　　　　　　　　　　　B. 提示有语法错误

　　C. 输出 22　　　　　　　　　　　　D. 没有错误,但是没有执行结果

6. 执行下列 Python 语句将产生的结果是_____。

```
i = 1
if i:
    print(True)
else:
    print(False)
```

　　A. 1　　　　　　B. True　　　　　　C. False　　　　　D. 出错

7. 判断 3 个正整数 a、b、c 是否可以构成三角形的正确语句是_____。

　　A. a+b>c or a+c>b or b+c>a　　　　B. a+b>c or a+c>b and b+c>a

　　C. a+b>c and a+c>b not b+c>a　　　D. a+b>c and a+c>b and b+c>a

8. 在 Python 中,下列能判断变量 N 是偶数的条件表达式是_____。

　　A. N%2=0　　　B. N/2=0　　　　C. N%2==0　　　D. N/2==0

9. 在 Python 语言中,下列关于 while 循环语句的叙述中,错误的是_____。

　　A. 可以将 while 循环的条件表达式写成：while False：

　　B. 可以将 while 循环的条件表达式写成：while 1：

　　C. 如果将 while 循环的条件表达式写成：while True：,则 while 循环体在不加干预的情况下会一直执行下去

　　D. while 循环和 for 循环在任何情况下都是可以互换实现的

10. 利用穷举算法解决问题时,确定枚举范围可使用下列语句中的_____。

　　A. elif　　　B. if　　　　　　C. import　　　　　D. while

11. 求出 1～100 的累加和,设计算法时最合适的是_____。

　　A. 顺序结构　　B. 循环结构　　　C. 选择结构　　　D. 环形结构

12. range(5)可以生成_____结果。

　　A. 5　　　　　B. [1,2,3,4,5]　　C. [0,1,2,3,4　　D. [01,2,3,4,5]

13. 水仙花数是指一个 3 位数,它的每位上数字的 3 次方之和等于它本身,如：$153=1^3+5^3+3^3$。现要求出所有的 3 位数,下列算法最合适的是_____。

　　A. 二分法　　B. 解释法　　　　C. 迭代法　　　　D. 穷举法

14. 生活中大家经常玩"算 24 点"游戏,规则是给定任意 0～9 的 4 个整数,玩者利用算术运算符+、-、* 和/以及括号,使得 4 个数字的计算结果为 24,先得出结果者为赢家。计算 24 点最合适的算法是_____。

　　A. 递归法　　　B. 归纳法　　　C. 穷举法　　　　D. 分治法

15. 执行下列程序后,屏幕上输出的结果是_____。

```
for i in range(5, 1):
    print(i, end = ',')
```

　　A. 5,4,3,2,1　　B. 4,3,2,1　　　C. 1,2,3,4,5　　　D. 没有结果

16. 以斐波那契数表示的兔子繁殖问题可以利用迭代法来解决,解决该问题时的正确选项及其顺序应该是_____。

① 建立迭代关系式   ② 确定迭代变量
③ 对迭代过程进行控制   ④ 让迭代过程无休止地重复执行
A. ①②③④   B. ①②③   C. ②①③   D. ②③④

17. 下面 Python 循环体执行的次数与其他不同的是_____。

A. ```
i = 0
while i <= 10:
    print(i)
    i = i + 1
```
B. ```
i = 10
while i > 0:
    print(i)
    i = i - 1
```
C. ```
for i in range(10):
    print(i)
```
D. ```
for i in range(10, 0, -1):
    print(i)
```

18. 下面程序的输出结果是_____。

```
for x in "Welcome to Python world!":
    if x == 't':
        break
    else:
        print(x, end = '')
```

A. Welcome to Python world!   B. WelcometoPythonworld!
C. Welcome(最后有一个空格)   D. Python

19. 下面程序的输出结果是_____。

```
for i in range(4):
    for s in "China":
        if s == 'i':
            break
        else:
            print(s, end = '')
```

A. ChiChiChiChi   B. CCCCHhhhiiii
C. ChChChCh   D. CCCCHhhh

20. 下面程序的输出结果是_____。

```
a, b = 0, 5
while a <= b + 1:
    a += 2
    b -= 1
print(a)
```

A. 2   B. 4   C. 6   D. 8

21. 执行下面程序后输出字符"＊"的个数是_____。

```
for i in range(10, 1, -1):
    print(" ＊ ", end = '')
```

A. 7   B. 8   C. 9   D. 10

二、简答题

1. 请写出下面命题相对应的条件表达式。

(1) 判断 year 是否为闰年(历闰年判定遵循的规律为：四年一闰,百年不闰,四百年再闰)。

(2) 判断正整数 n 能否同时被 3 和 7 整除。

(3) 判断字符 x 是否为英文字母。

(4) 判断字符 x 是否为数字字符。

(5) 判断点 point(x,y)是否在第三象限。

2. 说明以下 3 个 if 语句的区别:

```
(1)  if i > 0:          (2)  if i > 0:          (3)  if i > 0:
         if j > 0:               if j > 0:               n = 1
           n = 1                   n = 1             else:
         else:                 else:                   if j > 0:
           n = 2                   n = 2                   n = 2
```

3. 编写程序,求下面分段函数的值并输出。

$$f(x) = \begin{cases} x^2 - 2x + 3, & x < 1 \\ \sqrt{x-1}, & x \geqslant 1 \end{cases}$$

4. 在古希腊神话中,玫瑰集爱情与美丽的含义于一身,所以人们常用玫瑰来表达爱情。但是不同的朵数的玫瑰花代表的含义是不同的。请根据用户输入的玫瑰花的朵数,输出不同的花语。

1——你是我的唯一(You're still the only one!)

3——我爱你(I love you!)

10——十全十美(Perfect!)

99——天长地久(All the way!)

108——求婚(Marriage proposal!)

其他——不好意思,知识越界!

5. 以下程序的功能是输入整数 m,输出 $2 \sim m$ 的所有偶数的平方根之和。但是程序中存在两处错误,请修改程序(不能增删行)使之能够正确执行。

```python
import math
m = eval(input("m:"))
sum, i = 0, 1
while i <= m:
    sum = sum + sqrt(i)
    i = i + 2
print(sum)
```

6. 以下程序的功能是从键盘输入键盘上输入两个自然数 m 和 $n(1 \leqslant n \leqslant m \leqslant 1000)$,输出这两个自然数的最小公倍数。(算法描述:最小公倍数初始值设为较大数,如果能整除,则较大数就是最小公倍数;如果不能整除,则让较大数乘以 2,3,4……递增 1 的自然数,直到能整除为止。如:输入"11,5"时,输出结果为"55",输入"8,12"时,输出结果为"24"。)请根据功能描述补充程序使之能够正确运行。

```python
m = int(input("请输入自然数 m:"))
n = int(input("请输入自然数 n:"))
i = 1
if m < n:
```

```
    m,n =     ①              #两数交换(用大数翻倍)
s = m                        #s的初始值为较大数
while    ②    :
    i = i+1
    s =     ③
print(    ④    )
```

7. 王同学每天都进行大学英语四级单词测试,但是目前成绩很不理想,只能达到50分(满分150)。他制定了每天提高成绩10%的目标,多久可以到达130分?请填空完善该程序,求出王同学多少天成绩能提高到130分。

```
p =     ①
n = 0
while p <     ②    :
    p += p *     ③
    n += 1
print("n = ",     ④    )
```

8.(1)俗话说:"日有所进,月有所长。"假设每个人的初始能力值是1,经过一天的努力学习和工作后,能力会比之前增长1%。

(2)如果周一到周五努力学习提升能力,而周末休息,且休息一天能力就降低1%。同时通过取余运算来判断某一天是学习日还是休息日,如果余数是0或者6,那么这一天就是休息日;余数是其他数值时,这一天是学习日。

(3)请完善程序,计算两种情况下,一年(365天)后能力值增长情况。

```
#天天向上
dayup = 1                    # 设置dayup为能力值,factor为能力变化幅度
factor = 0.01
for i in range(0,     ①    ):
    dayup =     ②    * (1 + factor)
print("天天向上的能力值:%.2f" % dayup)


#五上二下
dayup = 1
for i in range(     ③    ):
    if     ④    in [6, 0]:          # 判断是否为休息日,是则能力下降;否则能力上升.
        dayup = dayup * (1 - factor)
    else:
        dayup = dayup * (     ⑤    )
print("向上5天向下2天的能力值:%.2f" % dayup)    # 输出结果
```

9. 这次面试的冠军在A、B、C、D四位同学中。A说:"不是我"。B说:"是C"。C说:"是D。"D说:"C说的不对"。已知四人中有一人说了假话。请完善程序找出冠军是谁。

```
champion = 'ABCD'
for i in     ①    :
    cond = (i != 'A') + (i == 'C') + (i == 'D') + (i != 'D')
    if cond ==     ②    :
        print("冠军是:",     ③    )
```

习题 4

一、单项选择题

1. Python 语句 print(type([1,2,3])) 的执行结果是_____。
   A. < class 'list'>   B. < class 'tuple'>
   C. < class 'set'>   D. < class 'dict'>

2. 执行下列 Python 语句将产生的结果是_____。

```
List = [ "Happy", "new", "year!" ]
s = List[ 1 ]
d = s [ : -1 ]
print(d)
```

   A. py   B. Happ   C. ew   D. ne

3. 若有 ilist＝[0,1,2,3,4]，则 ilist * 2 的结果为_____。
   A. [0,0,1,1,2,2,3,3,4,4]   B. [0,1,2,3,4,0,1,2,3,4]
   C. [4,3,2,1,0]   D. ['0','1','2','3','4']

4. 执行下列 Python 语句将产生的结果是_____。

```
List = [1,2,3,[], "hello"]
print(len(List))
```

   A. 1   B. 4   C. 5   D. 8

5. 在下列类型中，数据不可变化的是_____。
   A. 列表   B. 字典
   C. 元组   D. 列表、字典、元组类型中数据都不可变化

6. 下面关于元组的描述错误的是_____。
   A. 元组像列表一样支持切片操作
   B. 在元组中插入的新元素要放在最后
   C. 元组内的元素是有序可重复的
   D. 元组支持 in 运算符

7. 执行下列 Python 语句将产生的结果是____。

```
a = (1)
```

```
print(type(a))
```

  A．＜class 'list'＞　　　　　　B．＜class 'tuple'＞

  C．＜class 'set'＞　　　　　　　D．＜class 'int'＞

8．以下不能创建一个字典的语句是_____。

  A．dict1＝{}　　　　　　　　B．dict2＝{3:5}

  C．dict3＝{[1,2,3]:"uestc"}　　D．dict4＝{(1,2,3):"uestc"}

9．字典d＝{'abc':1,'qwe':2,'zxc':3},len(d)的结果为_____。

  A．6　　　　　B．9　　　　　C．3　　　　　D．12

10．执行下列 Python 语句将产生的结果是_____。

```
kvps = {'1':1,'2':2}
theCopy = kvps
kvps['1'] = 5
sum = kvps['1'] + theCopy['1']
print(sum)
```

  A．1　　　　　B．2　　　　　C．7　　　　　D．10

11．执行下列 Python 语句将产生的结果是_____。

```
d = {"a":1,"b":2}
print(d[b])
```

  A．2　　　　　B．1　　　　　C．"b"　　　　　D．语法错误

12．关于字典的描述,正确的是_____。

  A．字典类型是一种有序的对象的集合

  B．字典类型的元素是固定的,不能执行增加或者删除操作

  C．字典类型可以包含列表和其他数据类型,也支持嵌套

  D．字典不支持 in 运算符

13．Python 语句 print(type({1,2,3}))的执行结果是_____。

  A．＜class 'list'＞　　　　　　B．＜class 'tuple'＞

  C．＜class 'set'＞　　　　　　　D．＜class 'dict'＞

14．下列选项中,不能使用索引运算符的是_____。

  A．集合　　　　B．列表　　　　C．元组　　　　D．字符串

15．执行下列 Python 语句将产生的结果是_____。

```
nums = set([1,2,2,3,3,3,4])
print(len(nums))
```

  A．1　　　　　B．2　　　　　C．4　　　　　D．7

16．执行下列 Python 语句将产生的结果是_____。

```
List = list(set("banana"))
List.sort()
print(List)
```

  A．['a', 'b', 'n']　　　　　　B．['n', 'b', 'a']

C. ['b', 'a', 'n', 'a', 'n', 'a']]　　　D. ['a', 'a', 'a','b', 'n','n']

17. 统计词频需要每个单词进行计数。假设将单词保存在变量 word 中,使用一个字典类型 counts＝{},统计单词出现的次数可采用如下代码_____。

    A. counts[word] = counts[word] +1

    B. counts[word] = counts.get(word,0) +1

    C. counts[word] = counts.get(word,1) +1

    D. counts[word] = 1

18. 执行下列 Python 语句将产生的结果是_____。

```
x = ['a']
lst = ['a','b','c']
print(x in lst)
```

    A. 1　　　　　　B. 0　　　　　　C. True　　　　　D. False

19. 下面代码的输出结果是_____。

```
s = ["seashell","gold","pink","brown","purple",\\"tomato"]
print(s[1:4:2])
```

    A. ['gold', 'pink', 'brown']

    B. ['gold', 'pink']

    C. ['gold', 'pink', 'brown', 'purple', 'tomato']

    D. ['gold', 'brown']

20. 下列 Python 程序的运行结果是_____。

```
s1 = [4,5,6]
s2 = s1
s1[1] = 0
print(s2)
```

    A. [4,5,6]　　B. [4,0,6]　　　C. [0,5,6]　　　D. [4,5,0]

21. 设 a＝set([1,2,2,3,3,3,4,4,4,4]),则 a.remove(4)后 a 的值是 _____。

    A. {1, 2, 3}　　　　　　　　　B. {1, 2, 2, 3, 3, 3, 4, 4, 4}

    C. {1, 2, 2, 3, 3, 3}　　　　　　D. [1, 2, 2, 3, 3, 3, 4, 4, 4]

22. 下列 Python 程序的运行结果是 _____。

```
s1 = set([1,2,2,3,3,3,4])
s2 = {1,2,5,6,4}
print(s1&s2 - s1.intersection(s2))
```

    A. {1, 2, 4}　　　　　　　　　B. set()

    C. [1,2,2,3,3,3,4]　　　　　　D. {1,2,5,6,4}

23. 执行下列 Python 语句将产生的结果是_____。

```
li_one = [2,1,5,6]
print (sorted(li_one[:2]))
```

    A. 1　2　　　　　　　　　　　B. 1　2　5　6

C. 2　1　　　　　　　　　　　　　　　　D. 6　5　2　1

24. 下列方法中，默认删除列表最后一个元素的是＿＿＿＿＿＿＿。

　　A. del　　　　B. remove()　　　　C. pop()　　　　D. extend()

25. 下列创建元组的语句中，正确的是＿＿＿＿＿＿＿。

　　A. tu_ one＝ tuple('1','2')　　　　B. tu_ two＝ ('q')

　　C. tu_three ＝ ('on',)　　　　　　D. tu_four ＝ tuple(3,5)

26. 下列方法中，可以获取字典中所有键的是＿＿＿＿＿＿＿。

　　A. keys()　　　B. value()　　　C. list()　　　　D. values()

27. 下列方法中，不能删除字典中元素的是＿＿＿＿＿＿＿。

　　A. clear( )　　　B. remove()　　　C. pop()　　　D. popitem()

28. 阅读下面程序：

```
set_o1 = {('al', 'c '), 'b', 'ay'};set_o1.add ('d');print(len(set_o1))
```

运行程序，以下输出结果正确的是＿＿＿＿＿＿＿。

　　A. 5　　　　　B. 3　　　　　C. 4　　　　　D. 2

29. 下列语句中，可以正确创建字典的是＿＿＿＿＿＿＿。

　　A. test_one＝()　　　　　　　　B. test_two ＝{ 'a':'A'}

　　C. test_three ＝ dict('a')　　　　D. test_four＝dict{'a':'A'}

二、填空题

1. 已知 x ＝ ([1], [2])，那么执行语句 x[0].append(3)后 x 的值为＿＿＿＿＿＿＿＿＿。

2. Python 语句序列：

```
fruits = ("apple","banana","pear")
print((fruits[-1][-1]))
```

运行结果为＿＿＿＿＿＿＿＿＿。

3. 设 L＝['a','b','c','d','e','f','g']，则 L[3]值是＿＿＿＿＿＿＿，L[3:5]值是＿＿＿＿＿＿＿，L[:5]值是＿＿＿＿＿＿＿，L[3:]值是＿＿＿＿＿＿＿，L[-5:-2]值是＿＿＿＿＿＿＿，L[::2]值是＿＿＿＿＿＿＿＿＿。

4. 执行下列 Python 语句将产生的结果是＿＿＿＿＿＿＿＿＿＿＿＿。

```
lt = list("Python")
x = lt.index("t")
print(x)
```

5. 列表、元组、字符串是 Python 的＿＿＿＿＿＿＿(有序/无序)序列。

6. 假设有列表 a ＝ ['name', 'age', 'sex']和 b ＝ ['Dong', 38, 'Male']，请使用一个语句将这两个列表的内容转换为字典，并且以列表 a 中的元素为"键"，以列表 b 中的元素为"值"，这个语句可以写为＿＿＿＿＿＿＿。

7. 字典的键必须是＿＿＿＿＿＿＿＿＿＿(可变/不可变)类型，元组＿＿＿＿＿＿＿＿＿＿(可以/不可以)作为字典的键。

8. 去掉 old_list＝[1,1,1,3,4]中的重复元素，这个语句可以写为＿＿＿＿＿＿＿。

9. 已知 x = {'a':'b', 'c':'d'}，那么表达式 'a' in x 的值为_____。

10. 已知 x = {'a':'b', 'c':'d'}，那么表达式 'b' in x 的值为_____。

11. 已知 x = {'a':'b', 'c':'d'}，那么表达式 'b' in x.values() 的值为_____。

12. 使用列表推导式生成包含 10 个数字 5 的列表，语句可以写为_____。

三、简答题

1. 请描述列表和元组之间的区别，以及他们之间的转换？

2. 如果从列表 list1=[1,4,7,3,8,9]中得到子列表 sublist=[7,8]，请问如何操作？

3. 下列语句执行后，s 的值是什么？

```
s = ['a','b']
s.append([1,2])
s.extend([5,6])
s.insert(10,8)
s.pop()
s.remove('b')
s[3:] = []
s.reverse()
```

4. 下面代码的功能是，随机生成 30 个位于[1,10]区间的整数，然后统计每个整数出现的频率。请把缺少的代码补全。

```
import random
x = [random._____(1,10) for i in range(_____)]
r = dict()
for i in x:
    r[i] = r.get(i, _____) + 1
for k, v in r.items():
    print(k, v)
```

5. 执行下列 Python 语句将产生的结果是_____。

```
L = ["sentence","contains","five","words."]
L.insert(0,"This")
print(" ".join(L))
del L[3]
L.insert(3,"six")
L.insert(4,"different")
print(" ".join(L))
```

6. 编写程序，随机生成由英文小写字母和数字组成的 4 位验证码。

7. 编写程序，计算用户输入的句子中包含的单词数量以及单词平均长度。

一、单项选择题

1. 设有函数定义：

```
def f1(a = 0):
    print(a * 100)
```

则以下错误的函数调用语句是_____。

    A. f1()   B. f1(30)   C. f1(30)＋5   D. f1(30＋5)

2. 基本的 Python 内置函数 eval(x)的作用是_____。

    A. 将 x 转换成浮点数

    B. 掉字符串 x 最外侧引号，当作 Python 表达式评估返回其值

    C. 计算字符串 x 作为 Python 语句的值

    D. 将整数 x 转换为十六进制字符串

3. 下列函数参数定义非法的是_____。

    A. def myfunc(* args,a＝1):   B. def myfunc(arg1＝1):

    C. def myfunc(* args):   D. def myfunc(a＝1, ** args):

4. 函数如下：

```
def showNumber(numbers):
    for n in numbers:
        print(n)
```

下面在调用函数时会报错的是_____。

    A. showNumer([2,4,5])   B. showNumber('abcesf')

    C. showNumber(3.4)   D. showNumber((12,4,5))

5. 函数如下：

```
def changeInt(number2):
    number2 = number2 + 1
    print("changeInt:number2 = ",number2,end = "    ")
#调用
number1 = 2
changeInt(number1)
```

```
print("number:",number1)
```

下面打印结果正确的是_____。

A. changeInt:number2＝3number:3

B. changeInt:number2＝3number:2

C. number:2changeInt:number2＝2

D. number:2changeInt:number2＝3

6. 函数如下:

```
def chanageList(list):
    list.append("end")
    print("list",list)
#调用
strs = ['1','2']
chanageList(strs)
print("strs:",strs)
```

下面 strs 和 list 的值输出正确的是_____。

A. list['1','2']

    strs:['1','2','end']

B. list['1','2']

    strs:['1','2']

C. list['1','2','end']

    strs:['1','2','end']

D. list['1','2','end']

    strs:['1','2']

7. Python 语句序列"f＝lambda x,y:x＋y;f(12,34)"的运行结果是_____。

  A. 12   B. 22   C. 56   D. 46

8. 下列关于函数参数的说法中,错误的是_____。

A. 若无法确定需要传入函数的参数个数,可以为函数设置不定长参数

B. 当使用关键字参数传递实参时,需要为实参关联形参

C. 定义函数时可以为参数设置默认值

D. 不定长参数＊args 可传递不定数量的关联形参名的实参

9. 下列关于 Python 函数的说法中,错误的是_____。

A. 递归函数就是在函数体中调用了自身的函数

B. 匿名函数没有函数名

C. 匿名函数与使用关键字 def 定义的函数没有区别

D. 匿名函数中可以使用 if 语句

10. 以下程序的输出结果是:_____。

```
def add_Run(L = None):
    if L is None:
        L = []
    L.append('Run')
```

```
        return L
add_Run()
add_Run()
print(add_Run(['Lying']))
```

A. ['Lying', 'Run', 'Run']　　B. ['Run']['Run']['Lying', 'Run']

C. ['Lying']　　D. ['Lying', 'Run']

11. 以下程序的输出结果是：_____。

```
L = []
x = 3
def pri_val(x):
    L.append(x)
    x = 5
pri_val(x)
print('L = {}, x = {}'.format(L, x))
```

A. L=[3], x=3　　B. L=[3], x=5

C. L=3, x=5　　D. L=3, x=3

12. 关于形参和实参的描述，以下选项中正确的是_____。

A. 函数定义中参数列表里面的参数是实际参数，简称实参

B. 参数列表中给出要传入函数内部的参数，这类参数称为形式参数，简称形参

C. 程序在调用时，将形参复制给函数的实参

D. 函数调用时，实参默认采用按照位置顺序的方式传递给函数，Python 也提供了按照形参名称输入实参的方式

13. 下面程序的运行结果为_____。

```
a = 10
def setNumber():
    a = 100
setNumber()
print(a)
```

A. 10　　B. 100　　C. 10100　　D. 10010

14. 关于函数参数传递中，形参与实参的描述错误的是_____。

A. python 按值传递参数。值传递指调用函数时将常量或变量的值（实参）传递给函数的参数（形参）

B. 实参与形参存储在各自的内存空间中，是两个不相关的独立变量

C. 在参数内部改变形参的值，实参的值一般是不会改变的

D. 实参与形参的名字必须相同

15. 下面程序的运行结果为_____。

```
def swap(lst):
    temp = lst[0]
    lst[0] = lst[1]
    lst[1] = temp
lst = [1,2]
```

```
swap(lst)
print(lst)
```

　　　A. [1,2]　　　　B. [2,1]　　　　C. [2,2]　　　　D. [1,1]

16. 下面_____表达式是一种匿名函数,是从数学中的 λ 得名的。

　　　A. lambda　　　B. map　　　　　C. filter　　　　D. zip

17. _____ 函数是指直接或间接调用函数本身的函数。

　　　A. 递归　　　　　B. 闭包　　　　　C. lambda　　　　D. 匿名

18. 关于函数的下列说法,不正确的是_____。

　　　A. 函数可以没有参数　　　　　　　B. 函数可以有多个返回值

　　　C. 函数可以没有 return 语句　　　 D. 函数都有返回值

19. 以下关于 Python 的说法中正确的是_____。

　　　A. Python 中函数的返回值如果多于 1 个,则系统默认将它们处理成一个字典

　　　B. 递归调用语句不允许出现在循环结构中

　　　C. 在 Python 中,一个算法的递归实现往往可以用循环实现等价表示,但是大多数
　　　　 情况下递归表达的效率要更高一些

　　　D. 可以在函数参数名前面加上星号 * ,这样用户所有传来的参数都被收集起来然
　　　　 后使用,星号在这里的作用是收集其余的位置参数,这样就实现了变长参数

20. 在 Python 中,以下关于函数的描述错误的是_____。

　　　A. 在 Python 中,关键字参数是让调用者通过使用参数名区分参数,在使用时不允
　　　　 许改变参数列表中的参数顺序

　　　B. 在 Python 中,默认参数的值可以修改

　　　C. 在 Python 中,引入了函数式编程的思想,函数本身亦为对象

　　　D. 在 Python 中,函数的 return 语句可以以元组 tuple 的方式返回多个值

21. 对于函数 ask,以下调用错误的是_____。

```
def ask(prompt = "Do you like Python? ", hint = "yes or no") :
    while True:
        answer = raw_input(prompt)
        if answer.lower () in ('y', 'yes') :
            print ("Thank you")
            return True
        if answer. lower() in ('n', 'no') :
            print ("Why not ")
            return False
        else:
            print (hint)
```

　　　A. answer. lower()是调用了 string 自带函数 lower(),将输入转换为小写字母

　　　B. 调用函数 ask(),在交互页面输入 N,则会继续输出 yes or no 提示你继续输入

　　　C. 调用函数 ask(),在交互页面输入 x,则会输出 yes or no,如果继续输入 y,则会
　　　　 打印 Thank you 并退出 ask()函数的执行同时返回值 True

　　　D. 函数调用 ask("Do you like Python? ")与 ask()效果一致

二、填空题

1. 查看变量类型的 Python 内置函数是＿＿＿＿＿＿＿＿＿。

2. 查看变量内存地址的 Python 内置函数是＿＿＿＿＿＿＿＿＿＿＿＿。

3. Python 内置函数＿＿＿＿＿可以返回列表、元组、字典、集合、字符串以及 range 对象中元素个数。

4. Python 内置函数＿＿＿＿＿＿＿＿＿用来返回序列中的最大元素。

5. Python 内置函数＿＿＿＿＿＿＿＿＿用来返回序列中的最小元素。

6. 下列程序执行后，y 的值是＿＿＿＿＿。

```python
def f(x,y):
    return x ** 2 + y ** 2
y = f(f(1,3),5)
```

三、简答题

1. 阅读下面的程序，写出程序的运行结果。

```python
def f(w = 1,h = 2):
    print(w,h)
f()
f(w = 3)
f(h = 7)
f(10)
```

2. 阅读下面的程序，写出程序的运行结果。

```python
def sort(number1,number2):
    if number1 < number2:
        return number1,number2
    else:
        return number2,number1
n1,n2 = sort(3,2)
print('n1 is ',n1)
print('n2 is ',n2)
```

3. 阅读下面的程序，写出程序的运行结果。

```python
def demo(m, n):
    if m > n:
        m, n = n, m
    p = m * n
    while m!= 0:
        r = n % m
        n = m
        m = r
    return (n,p//n)
print( demo(20, 30))
```

4. 阅读下面的程序，写出程序的运行结果。

```python
def demo(newitem, old_list = []):
    old_list.append(newitem)
    return old_list
def main():
    print(demo('a'))
    print(demo('b'))
if __name__ == '__main__':
    main()
```

5. 阅读下面的程序,写出程序的运行结果。

```python
def func5(a, b, * c):
    print(a, b)
    print("length of c is % d, c is " % len(c), c)
func5(1, 2, 3, 4, 5, 6)
```

6. 阅读下面的程序,写出程序的运行结果。

```python
def demo( * para):
    avg = sum(para)/len(para)
    g = [i for i in para if i > avg]
    return (avg,) + tuple(g)
print(demo(1, 2, 3, 4))
```

7. 编写函数,根据用户输入的电量计算电费。(具体规则为:当每月用电量在 0～260 度时为第一档,电价是 0.68 元/度;当每月用电量在 261～600 度时为第二档,260 度以内的按照第一档收费,剩余的电价按照 0.73 元/度收取;当每月用电量大于 601 度时,先分别按照第一档和第二档收费,剩余电价按照 0.98 元/度收取。)结果保留两位小数。在主函数中测试该函数。

8. 编写求 $n!$ 的函数,并在主函数中测试该函数。

习题 6

一、单项选择题

1. 在面向对象程序设计方法中,实现信息隐藏是依靠_____来实现的。
   A. 继承性 B. 多态性 C. 分类性 D. 封装性
2. 类的构造函数被自动调用执行的情况是在定义该类的_____时。
   A. 对象 B. 实例属性 C. 实例方法 D. 类属性
3. 下列关于构造函数的说法错误的是_____。
   A. 构造方法可以有返回值
   B. 类体中可以不定义构造函数
   C. 构造方法用来初始化类的实例成员
   D. 构造方法必须要访问类属性
4. 关于成员的可访问范围,下列说法错误的是_____。
   A. 以双下画线开头,但是不以双下画线结束的成员,只能在类体内直接访问
   B. 以单下画线开头的成员,是保护成员
   C. 以双下画线开头和结尾的成员,是特殊成员。不能在类体外直接访问
   D. 其他形式名称的成员,是公有成员。可以在类体内和类体外直接访问
5. 关于类中的属性,下列说法错误的是_____。
   A. 实例属性表示的是某个具体的对象实例特有的属性
   B. 类属性是该类的所有实例对象都共享的属性
   C. 实例属性的初始化在类的构造方法中完成
   D. 类属性的初始化在类的构造方法中完成
6. 下列关于实例属性说法错误的是_____。
   A. 可以通过属性名来确定实例属性的可访问范围
   B. 可以通过@property 装饰器定义相关方法,从而实现在类外直接访问类的私有属性
   C. 可以通过 property 函数来实现在类外直接访问类的私有属性
   D. 一旦在类的构造函数中对实例属性进行了初始化,就不能再改变它的值了
7. 关于类属性,下列说法正确的是_____。

A. 类属性用来记录与这个类相关的特征,所以,类属性的可访问范围不能通过属性名来确定

B. 在类外,既可以通过类名.类属性名,也可以通过实例对象名.类属性名来访问公有的类属性

C. 在类体内,只有类方法才能访问类属性

D. 实例属性和类属性同名时,类属性会屏蔽掉实例属性

8. 下列说法正确的是_____。

A. 实例对象的实例属性只能在类的构造函数中定义

B. 可以在类体外动态添加实例属性

C. 类的类属性可以在构造函数中定义

D. Python 语言不能动态添加和删除类属性

9. 关于类中的方法,下列说法正确的是_____。

A. 类中实例方法的第一个形式参数的名字只能是 self

B. 类方法必须用@classmethod 装饰,类方法的第一个参数必须是 self

C. 在类中定义的静态方法可以访问实例属性

D. 在类中定义的静态方法必须用@staticmethod 来修饰

10. 下列说法错误的是_____。

A. 在类中定义特殊方法__str__(),可以实现把实例对象像字符串一样输出

B. __init__()方法是构造方法,它没有返回值

C. 如果在类中定义了特殊方法__call__(),那么该类的实例就可以像函数一样调用

D. 必须在类中定义析构方法__del__()

11. 下列说法正确的是_____。

A. Python 只能动态添加和删除属性,而不能动态添加和删除方法

B. 动态删除方法的关键字是 delete

C. 静态方法的第一个形式参数是 cls

D. 通过类名添加的实例方法,该类的所有实例对象都可以调用

12. 下列说法错误的是_____。

A. 在 Python 中,运算符重载是通过在类中重写特殊方法实现的

B. 假设类 A 定义了运算符＋对应的特殊方法__add__,以及在类外定义了该类的两个对象 a1,a2,那么 a1.__add__(a2)是正确的

C. 一元运算符对应的特殊方法只有一个参数 self

D. 二元运算符对应的特殊方法只有一个参数 self

13. 下列关于派生类的说法,错误的是_____。

A. 派生类中可以不定义构造函数

B. 在派生类的构造函数中,可以显式地调用基类的构造函数

C. 定义派生类时,必须指定基类

D. 一个派生类可以有多个基类

14. 下列说法错误的是_____。

A. 一个类可以有多个基类，一个类也可以有多个派生类

B. 子类继承了基类的所有属性和方法

C. 在多继承中，如果派生类中没有定义构造函数，那么它就会按照 MRO 顺序继承离它最近的那个基类的构造函数

D. 可以在派生类中定义和基类中同名的实例方法

15. 下列关于多态性的描述，错误的是＿＿＿＿＿＿＿。

A. Python 语言和 Java、C++语言一样，既有静态多态性，也有动态多态性

B. 在面向对象程序设计中，多态性可以有效地提高程序的扩充性

C. Python 的内置函数 len()可以计算各种对象的长度，这也是多态性的体现

D. 多态性可以表现为同一个函数传递不同参数后，实现不同的功能

二、填空题

1. 面向对象程序设计有＿＿＿＿＿＿、＿＿＿＿＿＿、＿＿＿＿＿＿、＿＿＿＿＿＿4 个基本特点。

2. Python 语言定义类的关键字是＿＿＿＿＿＿。

3. Python 自动调用＿＿＿＿＿＿返回实例对象，再自动调用这个实例对象的构造方法＿＿＿＿＿＿，实现对象的初始化。

4. Python 类体中，构造方法是＿＿＿＿＿＿，它用来实现类的实例对象的初始化工作，它没有返回值。

5. Python 中，实例属性在类的内部通过＿＿＿＿＿＿访问，在类的外部通过实例对象访问。

6. Python 类的属性有＿＿＿＿＿＿属性和＿＿＿＿＿＿属性。

7. 当实例属性和类属性命名相同时，＿＿＿＿＿＿会屏蔽＿＿＿＿＿＿。

8. 类体中的方法，按命名方式来分，可以分为＿＿＿＿＿＿和＿＿＿＿＿＿。

9. 类中的普通方法，按使用场景来分，可以分为＿＿＿＿＿＿、＿＿＿＿＿＿和＿＿＿＿＿＿。

10. 实例方法的第一个参数是＿＿＿＿＿＿，类方法的第一个参数是＿＿＿＿＿＿。

11. 定义类方法的装饰器是＿＿＿＿＿＿，定义静态方法的装饰器是＿＿＿＿＿＿。

12. 以双下画线开始和结束的方法，称为＿＿＿＿＿＿。

13. 根据基类的个数，Python 的继承可以分为＿＿＿＿＿＿和＿＿＿＿＿＿。

14. 可以使用＿＿＿＿＿＿函数检测一个给定的对象是否属于(继承于)某个类或类型。如果是则返回 True，否则返回 False。

15. 如果子类中定义了和父类中同名的方法，则＿＿＿＿＿＿的方法会覆盖＿＿＿＿＿＿的方法。

三、阅读程序题

1. 阅读下面的程序，写出运行结果。

```
class Toy:
    def __init__(self,name,price):
        self.name = name
        self.price = price
```

```
    def __str__(self):
        return f'
{self.name} 价格为{self.price}'


bdd = Toy("冰墩墩",100)
srr = Toy("雪容融",100)
print(bdd)
print(srr)
```

2. 阅读下面的程序,写出运行结果。

```
class Goods:
    __totalWeight = 0
    def __init__(self,w):
        self.__weight = w
        Goods.__totalWeight += w
    @property
    def w(self):
        return self.__weight
    @classmethod
    def getTotal(cls):
        return Goods.__totalWeight


l = [Goods(100),Goods(200),Goods(300)]
for item in l:
    print(item.w)
print(Goods.getTotal())
```

习题 **7**

一、单项选择题

1. 在 Python 中,用_____函数来创建文件对象。
   A. create 　　　　　 B. open 　　　　　 C. close 　　　　　 D. file

2. 关于 Python 文件的"＋"模式,下列描述错误的是_____。
   A. 不能独立使用 　　　　　　　 B. 需要与 r/w/a 之一连用
   C. 读写功能 　　　　　　　　　 D. 只读模式

3. 以下关于 Python 文件的描述,错误的是_____。
   A. 不管哪一种类型的文件,都要经过打开文件、读写文件、关闭文件等操作
   B. 当以 r 模式打开文件时,要求文件必须存在
   C. 对文件进行读写操作之后,需要调用 close()函数才能确保文件被保存在磁盘中
   D. 当以 w 模式打开文件时,要求文件必须存在

4. 以下关于文件的操作,描述错误的是_____。
   A. read()函数可一次性读取文件的所有内容
   B. readline()函数每次可以读取目标文件中的一行
   C. readlines()函数可以读取文件中的所有内容,返回一个字符串列表
   D. 二进制文件和文本文件一样,也可以用记事本进行编辑

5. 下列函数_____不是 Python 对文件的操作方法。
   A. write() 　　　　 B. writelines() 　　　　 C. next() 　　　　 D. tell()

6. 关于下面代码的说明,错误的是_____。

```python
with open("poem.txt","r")as f:
    lines = f.readlines()
for line in lines:
    print(line)
```

   A. lines 是一个字符串列表
   B. line 是一个字符串
   C. 如果 poem.txt 文件不存在,会发生 FileNotFoundError 异常
   D. 本代码有问题,不能正确地关闭文件对象

7. 下面的描述错误的是_____。

A.　将变量或者对象转化为二进制流的过程称作序列化

B.　把磁盘文件中的二进制流读取到内存中,恢复成原来的变量或者对象的过程,称为反序列化

C.　struct 模块使用 dump()方法和 load()方法分别实现对象的序列化和反序列化

D.　pickle 模块使用 dump()方法和 load()方法分别实现对象的序列化和反序列化

8.　下列关于 csv 文件的描述,错误的是_____。

A.　csv 文件本质上是文本文件

B.　csv 文件本质上是二进制文件

C.　csv 文件中第一行表示数据列的名称

D.　csv 文件中的各个数据之间常用半角逗号分隔

9.　关于 csv 文件的操作,错误的是_____。

A.　要进行 csv 文件的操作,需要导入 csv 模块

B.　csv.writer 对象可以把列表对象数据写入到 csv 文件中

C.　csv.DictWriter 对象可以把列表对象数据写入到 csv 文件中

D.　csv.reader 对象可以读取 csv 文件的数据

10.　假设 employees.csv 文件中的内容如下:

```
工号,姓名,薪水
1001,zhang,9000
1002,wang,7800
```

下面代码的执行结果是:_____。

```
import csv
with open("employees.cv") as f:
    reader = csv.reader(f)
    next(reader)
    for row in reader:
        print(row)
```

A.

```
工号,姓名,薪水
1001,zhang,9000
1002,wang,7800
```

B.

```
1001,zhang,9000
1002,wang,7800
```

C.

```
工号,姓名,薪水
1001,zhang,9000
```

D.

```
工号,姓名,薪水
1002,wang,7800
```

11. 下列关于文件与目录的操作,错误的是_____。

    A. os 模块及其子模块 os.path 中有许多有关文件与目录操作的函数

    B. shutil 模块中提供了关于文件与目录的移动、复制、压缩、解压等操作

    C. os.mkdir()函数可以切换当前工作目录

    D. os.chdir()函数可以切换当前工作目录

12. 对下面代码的说明,错误的是_____。

```
import os
os.chdir("d:\\python")
os.mkdir("test")
```

    A. 切换当前目录为 D 盘下的 python 目录

    B. 在 D 盘下建立目录 test

    C. 在 D 盘下的 python 目录下建立目录 test

    D. os.mkdir()函数的功能是在当前目录下建立新的目录

二、填空题

1. 根据文件中数据的组织形式,可以把文件分为_____和_____。

2. _____可以用文本编辑器直接打开进行编辑;_____只能用专门的程序打开显示。

3. Python 中,对文件进行读写之前,必须先_____,使用的函数是_____;文件读写完成后,必须_____,使用的函数是_____。

4. 文件操作格式_____不能单独使用,必须和其他模式合在一起使用,表示具有_____。

5. 如果以读的模式打开文件,要求_____,否则,会发生_____异常。

6. 如果以写的模式打开文件时,如果文件不存在,则会_____。

7. 当打开文件时,参数_____用来指定文本文件使用的编码格式;参数_____用于区分换行符,该参数只对文本文件有效。

8. 文件对象的 readlines()方法读取文件中的所有行,该函数返回的是一个_____。

9. 文件对象的_____方法可以将字符串列表写入文件中。

10. pickle 模块的_____方法和_____方法实现对象的序列化和反序列化。

11. struct 模块的_____方法和_____方法分别实现对象的序列化和反序列化。

12. csv 文件使用_____来排列表格数据,常用于不同程序之间的数据交换。

13. Python 语言提供了_____实现 csv 文件的读写。

14. os 模块的_____方法可以获取当前的工作目录;_____方法可以返回指定 path 目录下的文件和目录列表。

15. 要想实现文件或目录的移动、复制、压缩、解压等操作,可以导入高级文件操作模块_____。

习题 8

一、单项选择题

1. 如果程序中有代码 5/0,那么,在运行时解释器会抛出_____异常。
   - A. Syntax Error
   - B. AssertError
   - C. ZeroDivisionError
   - D. FileNotFoundError

2. 在 Python 中,SystemExit 类的基类是_____。
   - A. Exception
   - B. Exception
   - C. BaseException
   - D. System

3. Python 的异常处理结构是_____。
   - A. try…catch…finally
   - B. try…except…finally
   - C. try…throw…finally
   - D. try…finally…catch

4. 关于 Python 的异常处理,下列说法错误的是_____。
   - A. except 子句用来捕捉异常。如果 try 子句中抛出的异常不能被 except 子句捕捉,那么该异常会传递给上层的 try 子句
   - B. finally 子句中的代码一定会被执行
   - C. 如果 try 子句中抛出的异常不能被 except 子句捕捉,那么就会执行 else 子句
   - D. try 子句必须和 except 子句或者 finally 子句一起使用

5. 下列说法正确的是_____。
   - A. 开发程序时,程序只能处理内置的异常类
   - B. Python 可以自定义异常类,用来处理内置异常类考虑不到的情况
   - C. 自定义异常类不能用 try…catch…finally 结构捕获
   - D. Python 程序可以用关键字 throw 来抛出异常

二、填空题

1. Python 的异常类层次结构中,_____是所有内建异常类的基类。

2. 异常既可以是程序错误自动引发的,也可以是_____主动触发的。

3. Python 的 try…catch…finally 异常处理结构中,_____指定一段代码,该段代码

可能会抛出 0 个、1 个或多个异常；_____用来捕获 try 子句中抛出的异常；如果 try 子句没有抛出任何异常,则会执行_____的代码块；无论 try 子句中的代码块是否抛出异常,_____中的语句都会被执行。

4. Python 会自动引发异常,也可以通过_____显式地引发异常。

5. Python 可以自定义异常类。自定义异常类必须是_____的子类。

6. Python 中使用关键字_____来声明断言。

参 考 文 献

[1] 王霞，王书芹，郭小荟，等.Python 程序设计(思政版)[M].北京：清华大学出版社,2021.

[2] 郑凯梅.Python 程序设计任务驱动式教程[M].北京：清华大学出版社,2018.

[3] 王辉，张中伟.Python 实验指导与习题集[M].北京：清华大学出版社,2020.

[4] 刘凡馨，夏帮贵.Python 3 基础教程实验指导与习题集(微课版)[M].北京：人民邮电出版社,2020.

[5] 翟萍.Python 程序设计实验教程[M].北京：清华大学出版社,2020.

[6] 郑江超，李宏岩，杨为明，等.Python 语言程序设计入门实验指导 [M].北京：清华大学出版社,2021.

[7] 金一宁，张启涛，韩雪娜，等.Python 程序设计实验教程 [M].北京：科学出版社,2020.

[8] 刘岩,纪冲,郭玉波,等.Python 程序设计实验指导 [M].北京：清华大学出版社,2021.

[9] 章程,田芳.Python 语言程序设计实验指导与习题 [M].北京：科学出版社,2020.

[10] 明日科技.零基础学 Python [M].长春：吉林大学出版社,2018.

图 书 资 源 支 持

感谢您一直以来对清华版图书的支持和爱护。为了配合本书的使用，本书提供配套的资源，有需求的读者请扫描下方的"书圈"微信公众号二维码，在图书专区下载，也可以拨打电话或发送电子邮件咨询。

如果您在使用本书的过程中遇到了什么问题，或者有相关图书出版计划，也请您发邮件告诉我们，以便我们更好地为您服务。

我们的联系方式：

地　　址：北京市海淀区双清路学研大厦 A 座 714

邮　　编：100084

电　　话：010-83470236　　010-83470237

客服邮箱：2301891038@qq.com

QQ：2301891038（请写明您的单位和姓名）

资源下载： 关注公众号"书圈"下载配套资源。

资源下载、样书申请

书 圈

图书案例

清华计算机学堂

观看课程直播